计算机前沿技术丛书

U0185923

深度学习

经典案例解析

（基于MATLAB）

赵小川 / 著

机械工业出版社
CHINA MACHINE PRESS

本书分为"基础篇""应用篇"和"实战篇"。通过 17 个案例循序渐进地介绍了深度学习网络的构建、训练、应用，以及如何基于 MATLAB快速生成可执行的 C、C++代码并在硬件上部署实现，内容讲解由浅及深、层层递进。本书所讲解的案例均配有代码实现，并对代码进行了详细注解，读者可通过阅读代码对本书讲解的内容进行更加深入的了解。本书适合对人工智能、深度学习技术感兴趣的工程技术人员阅读，也适合人工智能、计算机科学技术相关专业的本科生、研究生学习参考。

图书在版编目（CIP）数据

深度学习经典案例解析：基于 MATLAB/赵小川著 . —北京：机械工业出版社，2021.5（2024.3 重印）

（计算机前沿技术丛书）

ISBN 978-7-111-68293-6

Ⅰ.①深… Ⅱ.①赵… Ⅲ.①机器学习 Ⅳ.①TP181

中国版本图书馆 CIP 数据核字（2021）第 097264 号

机械工业出版社（北京市百万庄大街 22 号　邮政编码 100037）
策划编辑：张淑谦　责任编辑：张淑谦
责任校对：徐红语　责任印制：单爱军
北京虎彩文化传播有限公司印刷
2024 年 3 月第 1 版第 6 次印刷
184mm×240mm・14.25 印张・294 千字
标准书号：ISBN 978-7-111-68293-6
定价：99.00 元

电话服务　　　　　　　　　网络服务
客服电话：010-88361066　　机　工　官　网：www.cmpbook.com
　　　　　010-88379833　　机　工　官　博：weibo.com/cmp1952
　　　　　010-68326294　　金　书　网：www.golden-book.com
封底无防伪标均为盗版　机工教育服务网：www.cmpedu.com

前 言

PREFACE

　　当前，人工智能技术飞速发展，对我们的生活产生了深远的影响："刷脸支付"让交易变得快捷，"语音交互"让生活变得方便，"智能推送"让购物效率更高。在抗击新冠肺炎疫情的过程中，人工智能技术也大显身手，"智能胸片检测""智能口罩检测"等技术得到了广泛应用。

　　深度学习是人工智能技术的重要组成部分，关于深度学习的新理论、新方法、新技术层出不穷，很多读者加入到了深度学习技术的学习和科研的大军中。如何更全面、高效地掌握深度学习技术，是笔者一直关注和思考的问题。"实践出真知"，要想真正掌握深度学习技术，必须把它用起来，即"学以致用"。为此，笔者结合自身的教学和科研经验，对深度学习技术的理论、方法、应用进行了系统的总结与梳理，以案例的形式呈现给读者。与其他同类书籍相比，本书的特点在于：

　　1）系统全面。本书分为"基础篇""应用篇"和"实战篇"。通过17个案例循序渐进地介绍了深度学习网络的构建、训练、应用，以及如何基于MATLAB快速地生成可执行的C、C++代码并在硬件上部署实现，内容讲解由浅及深、层层递进，符合读者的认知心理。

　　2）案例丰富。本书所讲解的案例中，既有交通标识检测、语音识别、车辆检测的深度学习经典案例，又有新冠肺炎胸片检测等多个贴近实际的案例，还讲解了基于MATLAB如何快速地生成可执行的C、C++代码并在树莓派上部署实现，实用性更强。本书所讲解的案例均配有代码实现，并对代码进行了详细的注解，读者可通过阅读代码，对本书讲解的内容进行更加深入的了解。

　　3）生动形象。写一本有温度的书一直是笔者所追求的目标。在本书的写作过程中，笔者力求以生动形象的语言来解释抽象的概念，如将"例题、作业、考试"与"训练集、验证集、测试集"进行类比，将"针灸"与"非激活函数"进行类比，使语言更通俗、形象、易懂。

本书适合以下读者阅读学习。

- 对人工智能、深度学习技术感兴趣的工程技术人员。
- 人工智能、计算机科学技术相关专业的本科生、研究生。

回首本书的编写历程，笔者感受颇多，感谢为本书付出辛勤劳动的同仁，尤其是何灏、朱鹤、梁冠豪、马燕琳、刘莹等人。感谢家人的支持！

欢迎广大读者与笔者交流，相关建议和问题可以发到邮箱：zhaoxch_mail@ sina. com 。

赵小川

CONTENTS 目录

前 言

基 础 篇

应　用　篇

实　战　篇

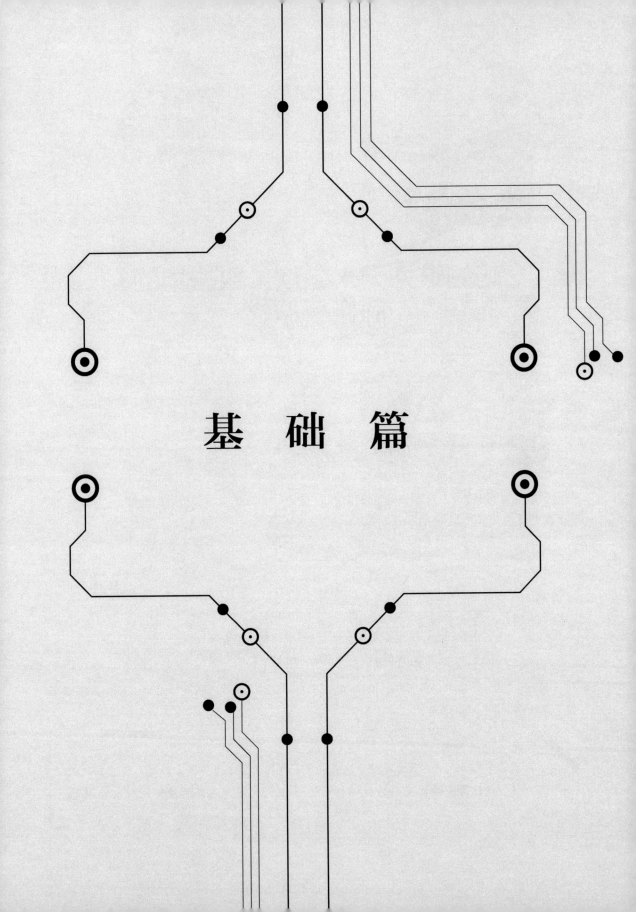

基 础 篇

案例1

▶▶▶▶▶▶

巧妇难为无米之炊：数据集的制作与加载

机器学习是一种数据驱动的技术，俗话说"巧妇难为无米之炊"，没有数据的支撑，机器学习便无从谈起。深度学习是机器学习的一个重要分支，数据对深度学习同样起着非常重要的作用。

1.1 机器学习中的数据集

机器学习的本质是从数据中确定模型参数并利用训练好的参数进行数据处理，其基本实现流程如图1-1所示。

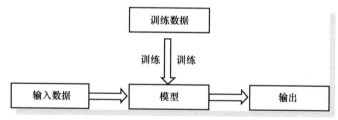

● 图1-1 机器学习的基本实现流程

"数据决定了机器学习的上限，而模型和算法只是逼近这个上限。"由此可见，数据对于整个机器学习项目至关重要。

● 注意

数据集中或多或少都会存在部分缺失、分布不均衡、分布异常、混有无关紧要的数据等问题。这就需要对收集到的数据进行进一步的处理，这样的步骤叫作"数据预处理"。

在机器学习中，一般将数据集划分为两大部分：一部分用于模型训练，称作训练集（Train Set）；另一部分用于模型泛化能力评估，称作测试集（Test Set）。在模型训练阶段会将训练集再次划分为两部分，一部分用于模型的训练，而另外一部分用于交叉验证，称作验证集（Validation Set），如图 1-2 所示。

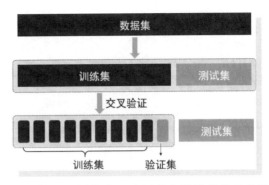

● 图 1-2 训练集、验证集和测试集的示意图

如图 1-3 所示，对训练集、测试集、验证集可以有如下的理解：学生课本中的例题即训练集；老师布置的作业、月考等都可以算作验证集；高考为测试集。学生上课过程中所学习到的知识以及课上做的练习题就是模型训练的过程。

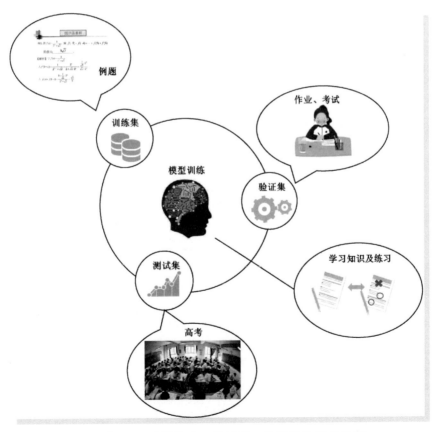

● 图 1-3 对训练集、测试集、验证集的形象理解

1.2 如何加载 MATLAB 自带的数据集

【例 1-1】添加 MATLAB 自带的 mnist 手写数据集。

mnist 数据集是开源手写数据集，其含有 0 ~ 9 总共 10 种手写数字，分别保存在以数字 0 ~ 9 命名的 10 个文件夹中，每个文件夹中有 1000 幅图像，总共 10000 幅图像。

在安装 MATLAB 之后，该数据集会被自动加载，其所在的路径如图 1-4 所示（MATLAB 的版本不同，安装的路径不同，mnist 数据集所在的路径也会有所不同，请读者以计算机上安装后的实际路径为准）。

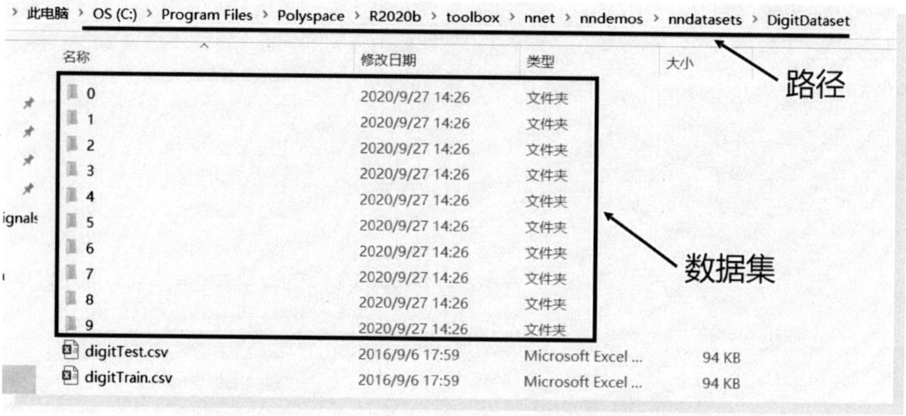

● 图 1-4 mnist 数据集所在的路径

在命令窗口中输入如下指令，可以加载 mnist 数据集：

```
digitDatasetPath = fullfile(MATLABroot,'toolbox','nnet', …
'nndemos','nndatasets','DigitDataset');
imds = imageDatastore(digitDatasetPath, …
'IncludeSubfolders',true, …
'LabelSource','foldernames');
```

其中，digitDatasetPath 存放 mnist 数据集路径；imageDatastore 函数生成一个图像数据存储区结构体，里面包含了图像和每幅图像对应的标签。

上述指令涉及两个函数：fullfile 和 imageDatastore，下面就对这两个函数进行详细讲解。

1. fullfile 函数

功能：创建路径。

用法：f = fullfile(filepart1, …, filepartN)。

输入：filepart1，…，filepartN 表示第 1 层路径（文件夹），…，第 N 层路径（文件夹或文件名）。

输出：f 表示完整的路径。

例如，f = fullfile('DLTfolder','DLTsubfolder','DLTfile.m')的功能是生成一个路径 f，f = 'DLTfolder\DLTsubfolder\DLTfile.m'。

● 经验分享

在 Windows 系统中，也可以用 fullfile 函数创建多个文件的路径。例如，
f = fullfile('c:\','myfiles','matlab',{'myfile1.m';'myfile2.m'})，该命令语句的功能是返回一个元胞数组 f，其中包含文件 myfile1.m 和 myfile2.m 的路径。

即 f = 2×1 cell array

'c:\myfiles\matlab\myfile1.m'

'c:\myfiles\matlab\myfile2.m'

---

2. imageDatastore 函数

功能：将图像样本存储为可供训练和验证的数据。

用法：

语法①

imds = imageDatastore（location）

输入：location 表示图像数据保存的位置。

输出：imds 表示可供训练和验证的数据。

语法②

imds = imageDatastore（location，Name，Value）

可以通过指定 "名称-取值" 对（Name 和 Value）来配置特定属性（将每种属性名称括在单引号中），具体含义见表 1-1。

表 1-1 imageDatastore 函数的输入参数

名　　称	含　　义
IncludeSubfolders	子文件夹包含标志位。指定 true 表示可包含每个文件夹中的所有文件和子文件夹，指定 false 则表示仅包含每个文件夹中的文件
LabelSource	提供标签数据的源。如果指定为'none'，则 Labels 属性为空；如果指定了'foldernames'，将根据文件夹名称分配标签并存储在 Labels 属性中

在了解了上述两个函数的功能和用法之后，下面详细地看一下这两个命令语句的含义：

```
digitDatasetPath = fullfile(MATLABroot,'toolbox','nnet', …
'nndemos','nndatasets','DigitDataset');
```

上述语句创建了一个路径，在笔者的计算机上，该路径为：

```
C:\Program Files\Polyspace\R2020b\toolbox\nnet\nndemos\nndatasets\DigitDataset
```

在创建了路径之后，将存储在该路径之下的图像集转化为可用的训练及验证数据集；采用的具体命令语句如下。

```
imds = imageDatastore(digitDatasetPath, … 'IncludeSubfolders',true, …%包含路径下所
有的文件和子文件夹下的文件
'LabelSource','foldernames');%根据文件夹名称分配标签并存储在 Labels 属性中
```

例程 1-1：　读取自带的 mnist 手写数据集。

读取 MATLAB 自带的 mnist 手写数据集，并随机显示其中的 20 幅图像。请读者结合上述的讲解对程序进行理解。例程 1-1 的运行效果如图 1-5 所示。

```
************************************************************
%%程序说明

% 实例 1-1
% 功能:读取 MATLAB 自带的 mnist 手写数据集,并随机显示其中的 20 幅图像
% 作者:zhaoxch_mail@ sina.com

%% 从指定的路径读取图像集,将其转化成可以用于训练和验证的数据集

digitDatasetPath = fullfile(MATLABroot,'toolbox','nnet',…
    'nndemos','nndatasets','DigitDataset');
imds = imageDatastore(digitDatasetPath, …
    'IncludeSubfolders',true,…
    'LabelSource','foldernames');

%% 随机显示该数据集的 20 幅图像
figure
numImages = 10000;
perm = randperm(numImages,20);
for i = 1:20
    subplot(4,5,i);
    imshow(imds.Files{perm(i)});
end
************************************************************
```

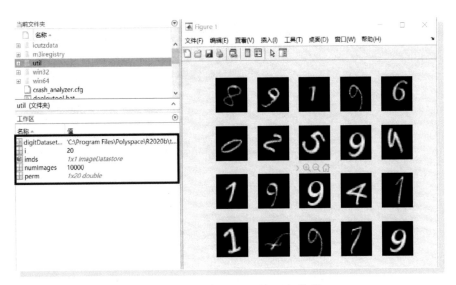

● 图 1-5　例程 1-1 的运行效果

在使用 imageDatastore 函数时，还有一点要注意，如果图像数据集在 C 盘的 \Documents \MATLAB\文件夹下（注：MATLAB 安装在不同的位置，路径可能不同），调用该函数时第一个参数可以不加路径，直接写文件夹的名称。如：

```
imds = imageDatastore('MerchData', …
    'IncludeSubfolders',true, …
'LabelSource',' foldernames');
```

上述语句实现的功能为，将存储在 C 盘的 \ Documents \ MATLAB \ MerchData 文件夹下的图像集转化为可用的训练及验证数据集。

1.3　如何加载自己制作的数据集

【例 1-2】加载自己制作的数据集。

在本书的随书附赠网盘资料中，有一个简单的图像集（名为 animal samples 的文件夹，该文件夹下有一个子文件夹，文件夹名分别为 goldfish，文件夹下有 10 张图片，如图 1-6 所示），将该图像集导入 MATLAB 的工作区中，其步骤如下。

步骤 1：将名为 animal samples 的文件夹复制到 C 盘的 \ Documents \ MATLAB 的文件夹中（注：MATLAB 安装在不同的位置，路径可能不同）。

步骤 2：在 MATLAB 的命令窗口输入如下指令语句。

```
imds = imageDatastore('animal samples', …
'IncludeSubfolders',true, …
'LabelSource','foldernames');
```

通过上述步骤 1、步骤 2 便可以将自己制作的数据集导入 MATLAB 的工作区中，以供后续卷积神经网络训练及验证使用。

● 图 1-6 名为 animal samples 的简单图像集

例程 1-2：如何加载自己制作的数据集。

读取 animal samples 数据集（已将其放到 C 盘的 \ Documents \ MATLAB 的文件夹中），并随机显示其中的 6 幅图像。请读者结合上述的讲解对程序进行理解。例程 1-2 的运行效果如图 1-7 所示。

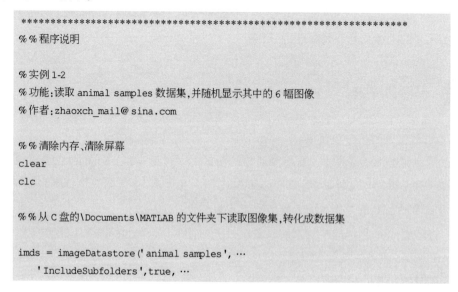

```
'LabelSource','foldernames');

%%随机显示其中的 6 幅图像
figure
numImages = 10;
perm = randperm(numImages,6);
for i = 1:6
    subplot(2,3,i);
    imshow(imds.Files{perm(i)});
end
```

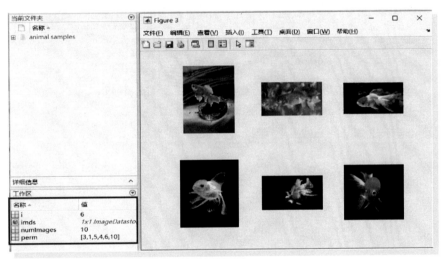

● 图 1-7　例程 1-2 的运行效果

1.4　如何加载公开数据集： 以 CIFAR-10 为例

CIFAR-10 数据集由 10 个类（飞机、汽车、鸟、猫、鹿、狗、青蛙、马、船、卡车）的 60000 个 32×32 彩色图像组成，每个类有 6000 个图像。有 50000 个训练图像和 10000 个测试图像。CIFAR-10 数据集及其分类示意图如图 1-8 所示。

【例 1-3】 如何下载 CIFAR-10 数据集并导入 MATLAB 工作空间。

步骤 1：下载 CIFAR-10 数据集。CIFAR-10 数据集的下载地址为 https：//www. cs. toronto. edu/ ~ kriz/cifar-10-MATLAB. tar. gz。

步骤 2：下载之后，CIFAR-10 数据集为 cifar-10-batches-mat，在 C 盘的 \ Documents \ MAT-LAB 的文件夹（注：以读者安装 MATLAB 的实际路径为准）之中新建一个名为 cifar10Data 的

文件夹，将 cifar-10-batches-mat 放到该文件夹下面，如图 1-9 所示。

• 图 1-8　CIFAR-10 数据集及其分类示意图

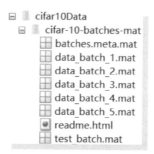

• 图 1-9　新建 cifar10Data 文件夹并将 cifar-10-batches-mat 放到该文件夹下

步骤 3：新建一个名为 helperCIFAR10Data. m 的文件，将如下代码输入，并保存，该代码的功能是将 CIFAR-10 数据集下载并导入，在本节中不作详细讲解。

```
helperCIFAR10Data.m
****************************************************************
% This is helper class to download and import the CIFAR-10 dataset.The
% dataset is downloaded from:
%
%  https://www.cs.toronto.edu/ ~ kriz/cifar-10-MATLAB.tar.gz%
% References
```

```
% ----------
% Krizhevsky, Alex, and Geoffrey Hinton."Learning multiple layers of
% features from tiny images." (2009).

classdef helperCIFAR10Data

    methods(Static)

% -----------------------------------------------------------
        function download(url, destination)
            if nargin == 1
                url = 'https://www.cs.toronto.edu/~kriz/cifar-10-MATLAB.tar.gz';
            end

            unpackedData = fullfile(destination, 'cifar-10-batches-mat');
            if ~exist(unpackedData, 'dir')
                fprintf('Downloading CIFAR-10 dataset...');
                untar(url, destination);
                fprintf('done.\n\n');
            end
        end

% -----------------------------------------------------------
        % Return CIFAR-10 Training and Test data.
        function[XTrain, TTrain, XTest, TTest] = load(dataLocation)

            location = fullfile(dataLocation, 'cifar-10-batches-mat');

            [XTrain1, TTrain1] = loadBatchAsFourDimensionalArray(location, 'data_batch_1.mat');
            [XTrain2, TTrain2] = loadBatchAsFourDimensionalArray(location, 'data_batch_2.mat');
            [XTrain3, TTrain3] = loadBatchAsFourDimensionalArray(location, 'data_batch_3.mat');
            [XTrain4, TTrain4] = loadBatchAsFourDimensionalArray(location, 'data_batch_4.mat');
            [XTrain5, TTrain5] = loadBatchAsFourDimensionalArray(location, 'data_batch_5.mat');

            XTrain = cat(4, XTrain1, XTrain2, XTrain3, XTrain4, XTrain5);
            TTrain =[TTrain1; TTrain2; TTrain3; TTrain4; TTrain5];

            [XTest, TTest] = loadBatchAsFourDimensionalArray(location, 'test_batch.mat');

        end
    end
end
```

```
function[XBatch, TBatch] = loadBatchAsFourDimensionalArray(location, batchFileName)
load(fullfile(location,batchFileName));
XBatch = data';
XBatch = reshape(XBatch, 32,32,3,[]);
XBatch = permute(XBatch,[2 1 3 4]);
TBatch = convertLabelsToCategorical(location, labels);
end

function categoricalLabels = convertLabelsToCategorical(location, integerLabels)
load(fullfile(location,'batches.meta.mat'));
categoricalLabels = categorical(integerLabels, 0:9, label_names);
end
********************************************************************
```

步骤 4：在 MATLAB 的命令窗口中，输入如下程序代码。

```
[trainingImages,trainingLabels,testImages,testLabels] = helperCIFAR10Data.load
('cifar10Data');
figure
thumbnails = trainingImages(:,:,:,1:100);
montage(thumbnails)
```

上述程序代码实现了导入 CIFAR-10 数据集并随机显示其中 100 幅图像的功能。显示效果如图 1-10 所示。

● 图 1-10　随机显示的 CIFAR-10 数据集中的 100 幅图像

1.5 如何划分训练集与验证集

前面介绍了如何加载数据集，在加载数据集之后，需要将数据集划分为训练集和验证集。在 MATLAB 深度学习工具箱中，提供了 splitEachLabel 函数将数据存储区中的数据集划分为训练集和验证集，具体使用方法如下。

函数：splitEachLabel。

功能：将数据存储区中的数据集划分为训练集和验证集。

用法：$[ds1,ds2]$ = splitEachLabel(imds, p)。

输入：imds 表示图像样本数据，p 表示数据集中用于训练深度网络的样本比例或数量。

输出：ds1 用于训练的样本数据，ds2 用于验证的样本数据。

> **注意**
>
> splitEachLabel 函数默认是按顺序对样本数据集进行划分的，可以添加选项'randomized'来进行随机划分。

例如，$[imdsTrain,imdsValidation]$ = splitEachLabel(imds,750,'randomize')。
实现的功能是随机将样本数据 imds 中的 750 个样本数据划分为训练样本数据。

```
[imdsTrain,imdsValidation] = splitEachLabel(imds,0.7,'randomized');
```

实现的功能是随机将样本数据 imds 中 70% 的样本数据划分为训练样本数据。

1.6 如何扩充数据样本集

数据的丰富程度对于深度学习来说至关重要，可以通过对原始图像进行一定变换得到新的图像数据，进而扩充图像数据集。数据集的扩充操作有助于防止网络过拟合，提高网络的泛化能力。可以利用 MATLAB 函数，在原始数据集的基础上，通过对原始图像进行调整大小、旋转和翻转等操作来扩充数据集。

小试牛刀：如何构建一个卷积神经网络

本案例将着重介绍卷积神经网络的基本结构和原理，在此基础之上，基于 MATLAB 深度学习工具箱来构建卷积神经网络。读者可以根据本案例的内容来构建自己设计的卷积神经网络。

2.1 CNN 的核心——"卷积"

本案例主要介绍卷积神经网络（Convolutional Neural Networks，CNN）。在此之前，需要先对"二维卷积"（以下简称"卷积"）进行深入了解，它是研究卷积神经网络的前提和基础。

从系统工程的角度看，卷积是为研究系统对输入信号的响应而提出的，卷积有很多种，本节着重介绍二维滑动卷积。

滑动卷积涉及三个矩阵：第一个矩阵通常尺寸较大且固定不动，本书称之为"输入矩阵"（或"待处理矩阵"）；第二个矩阵尺寸较小，在输入矩阵上从左到右、从上到下进行滑动，本书称之为"卷积核"；卷积核在输入矩阵上面滑动的过程中，将对应的两个小矩阵的相应元素相乘并求和，结果依次作为第三个矩阵元素，本书称该矩阵为"特征矩阵"。上述三个矩阵及卷积运算符如图 2-1 所示。

下面，详细地看一下滑动卷积的运算过程。将图 2-1 中所示的两个矩阵进行卷积运算。

步骤 1：将阴影部分的 4 个元素与卷积核对应位置的元素相乘后，再相加，作为特征矩阵的第 1 个元素，如图 2-2 所示。

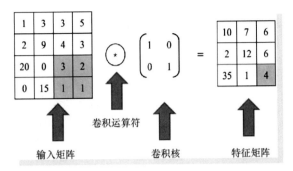

● 图2-1　输入矩阵、卷积核、特征矩阵及卷积运算符

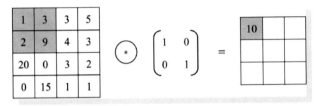

● 图2-2　滑动卷积运算步骤1

计算过程如下。

$$(1 \times 1) + (3 \times 0) + (2 \times 0) + (9 \times 1) = 10$$

步骤2：在步骤1的基础上，向右滑动1个单位，将阴影部分的4个元素与卷积核对应位置的元素相乘后，再相加，作为特征矩阵的第2个元素，如图2-3所示。

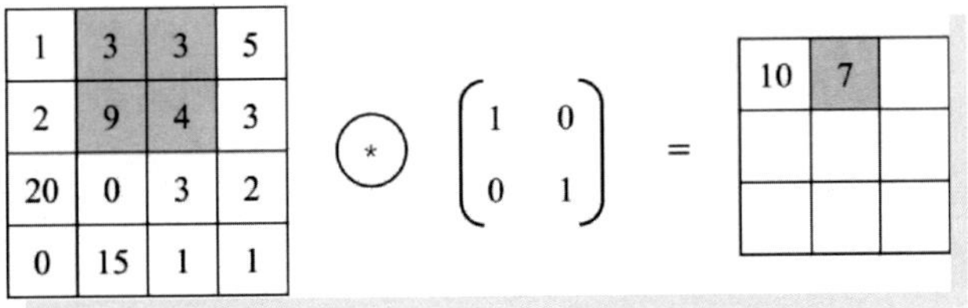

● 图2-3　滑动卷积运算步骤2

步骤3：在步骤2的基础上，向右滑动1个单位，将阴影部分的4个元素与卷积核对应位置的元素相乘后，再相加，作为特征矩阵的第3个元素，如图2-4所示。

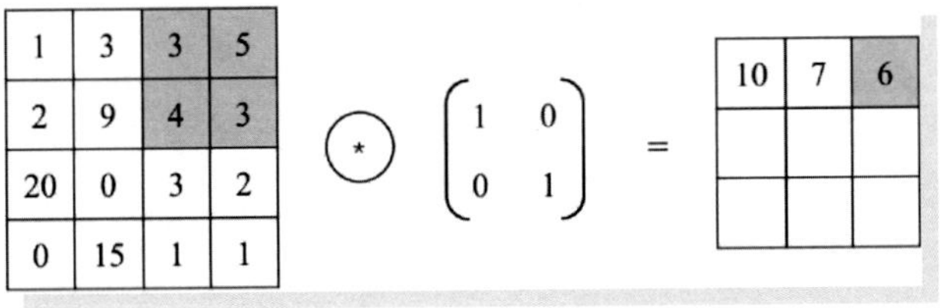

● 图2-4　滑动卷积运算步骤3

步骤 4：一旦完成第一行的运算之后，上述运算过程就从下一行开始从左到右继续进行，如图 2-5 所示。

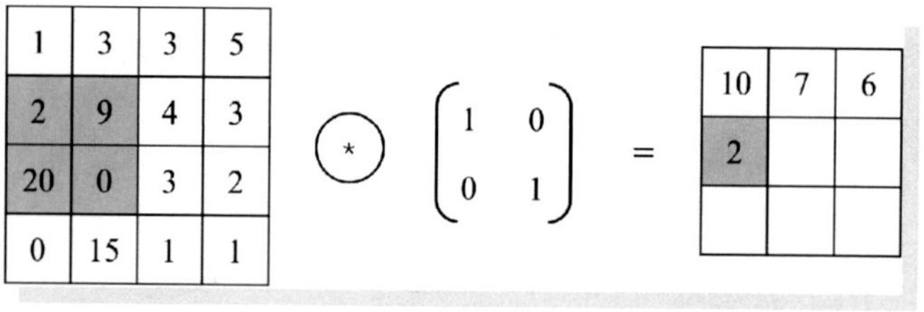

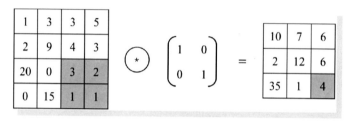

● 图 2-5　滑动卷积运算步骤 4

步骤 5：重复相同的步骤，直到全部完成（见图 2-6）。

● 图 2-6　滑动卷积运算的结果

在上述卷积运算的过程中，每次都是滑动 1 个像素。当然，也可以每次滑动两个像素乃至多个像素。每次滑动的像素个数，本书称之为步长（Stride）。

请读者仔细观察图 2-1 所示的输入矩阵与特征矩阵的元素的个数，不难发现，特征矩阵元素的个数少于输入矩阵的元素个数（请读者思考其中的原因）。如果需要得到与输入矩阵元素个数相等的特征矩阵该如何处理呢？方法很简单，需要对输入矩阵的边缘添加 0 元素，这个过程称之为零填充（Zero Padding）。通过零填充，实现滑动卷积的过程如图 2-7 所示。

在二维滑动卷积运算过程中，卷积核在滑动过程中始终都在输入矩阵内部，所得到的特征矩阵的元素个数会比输入矩阵元素个数少，在程序中称这种滑动卷积方式为 valid；如果采用零填充的方式，使特征矩阵元素的个数与输入矩阵元素个数相同，在程序中称这种滑动卷积方式为 same。

如图 2-8 所示，特征矩阵的（3,1）元素的值最大。那么，为什么该元素的值最大呢？通过观察输入矩阵和卷积核元素的特征可知：第（3,1）元素所对应的子矩阵与卷积核在形态上类似，二者都是对角矩阵，而且相同位置上的数值都较大。由此可见，子矩阵与卷积核在形态上类似时，卷积运算就会生成一个较大的值。

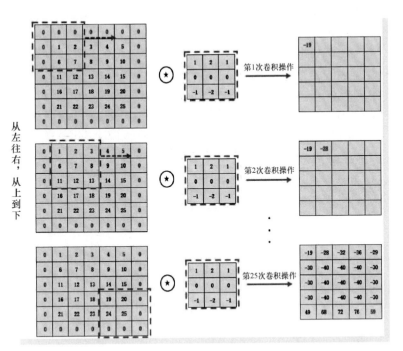

● 图 2-7　通过零填充实现滑动卷积的过程示意图

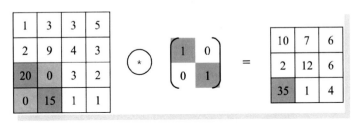

● 图 2-8　特征矩阵中第（3,1）元素的计算过程

如图 2-9 所示，输入矩阵中第（3,1）元素的值为 20，在输入矩阵中的值是最大的，但通过卷积运算后结果为 2，原因是子矩阵与卷积核的形态差异很大。

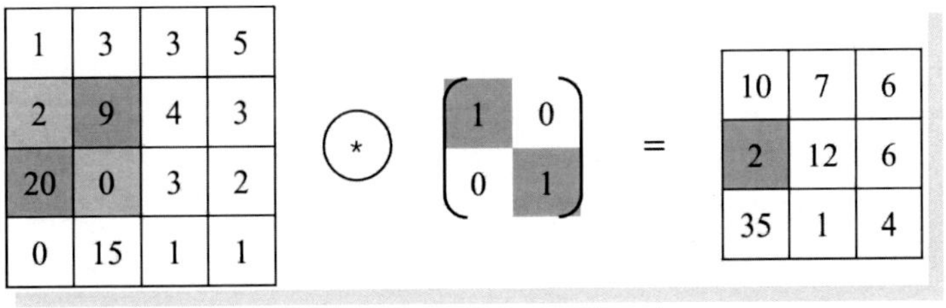

● 图 2-9　特征矩阵中第（2,1）元素的计算过程

如果要使特征矩阵中第（2,1）元素的值变大，可以将卷积核更换为和对应的子矩阵与卷积核在形态上类似的，如图 2-10 所示。

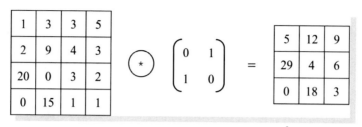

● 图 2-10　更换卷积核后特征矩阵中第（2,1）元素的计算过程

通过上面的分析可知，对二维数字图像进行卷积运算，可以判断图像的像素与卷积核的相似程度，相似程度越高，得到的响应值越大，因此可以通过滑动卷积运算来提取图像的特征。

2.2　卷积神经网络的结构及原理

▶▶ 2.2.1　卷积神经网络的结构

卷积神经网络是一类包含卷积计算且具有深度结构的前馈神经网络。典型的卷积神经网络结构（见图 2-11）可以分为特征提取（包含卷积层、激活函数、池化层）和全连接层。

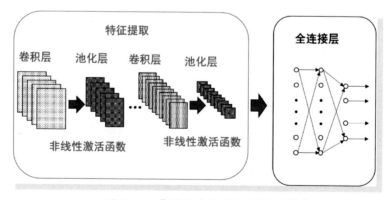

● 图 2-11　典型的卷积神经网络的结构

图 2-12 展示了获得 2012 年 Image Net 挑战赛冠军的 AlexNet，这个神经网络的主体部分由五个卷积层和三个全连接层组成，该网络的第一层以图像为输入，通过卷积及其他特定形式的运算从图像中提取特征，接下来每一层以前一层提取出的特征作为输入并进行卷积及其他特定形式的运算，便可以得到更高级的特征。经过多层的变换之后，深度学习网络就可以将原始图

像转换成高层次的抽象特征。

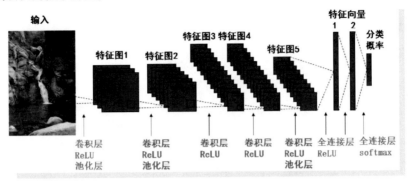

● 图2-12　AlexNet 网络示意图

▶▶2.2.2　卷积层的原理

卷积层是卷积神经网络的核心，它是通过卷积核对输入信息进行卷积运算从而提取特征的。

一个卷积神经网络往往有多个卷积层，如图2-12 所示的 AlexNet 就含有五个卷积层。在基于卷积神经网络的数字图像识别过程中，第一个卷积层会直接接收到图像像素级的输入，来提取其与卷积核相匹配的特征，并传递给下一层；接下来每一层都以前一层提取出的特征作为输入，与本层的卷积核进行卷积运算，提取更加抽象的特征。

同一个卷积层中可以有多个不同的卷积核，该卷积层的输入分别和这多个卷积核进行卷积运算，形成新的特征图，由此可见，特征图的个数与该卷积层卷积核的个数相关，该过程如图2-13 所示。

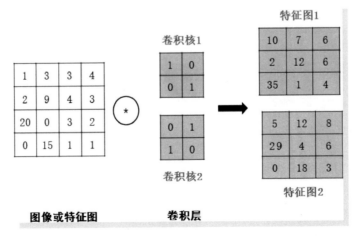

● 图2-13　一个卷积层含有多个卷积核的计算示意图

在卷积神经网络工作的过程中，无论是输入还是中间过程产生的特征图，通常都不是单一的二维图，可能是多个二维图，每一张二维图称之为一个通道（Channel）。比如一幅 RGB 图像就是由 R 通道、G 通道、B 通道三个通道组成的。对于多通道的输入，每个通道采用不同的卷积核作卷积，然后将对应特征矩阵的元素进行累加即可，其过程如图 2-14 所示。

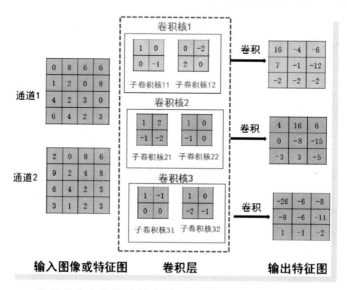

● 图 2-14　多通道多卷积核的计算过程示意图（注：卷积过程中步长为 1）

在图 2-14 所示的多通道多卷积核的计算过程中，输入为两个通道，卷积层中有三个卷积核，每个卷积核又分为两个子卷积核，其中第一个子卷积核与通道 1 的输入进行卷积，第二个子卷积核与通道 2 的输入进行卷积，然后将两个卷积结果的对应元素进行相加。例如，第一个输出特征矩阵中（1，1）元素的计算过程如下：

$$[0 \times 1 + 8 \times 0 + 1 \times 0 + 2 \times (-1)] + [2 \times 0 + 0 \times (-2) + 9 \times 2 + 2 \times 0] = 16$$

在卷积神经网络中，卷积核中的元素是需要通过训练确定的，称之为参数。在这里，要讲解一个重要的概念——"参数共享"（Parameter Sharing）。所谓"参数共享"指的是对于一幅输入图像或特征图，在进行卷积的过程中，其每个位置都是用同一个卷积核去进行运算的，即每个位置和同一组参数进行相乘，然后相加。

对于卷积神经网络来说，"参数共享"有什么意义呢？可以通过以下这个例子来说明。如果输入一幅像素为 1000×1000 的灰度图像，其输入为 1000000 个点，在输入层之后如果是相同大小的一个全连接层，那么将产生 1000000×1000000 个连接，也就是说这一层就有 1000000×1000000 个权重参数需要去训练；如果输入层之后连接的是卷积层，该卷积层有 6 个卷积核，卷积核的尺寸为 5×5，那么总共有（5×5+1）×6＝156 个参数需要去训练。由此可见，与全连接层相比，卷积层需要训练的参数要减少很多，从而降低了网络的复杂度，提高了训练效率，避免了过多连接导致的过拟合现象。

综上所述，卷积层的作用主要体现在两个方面：提取特征和减少需要训练的参数，降低深度网络的复杂度。

▶▶ 2.2.3　非线性激活函数的原理

需要在每个卷积层之后加入非线性激活函数。之所以要加入非线性激活函数，原因如下：卷积运算是一种线性运算，线性运算有一个性质，即若干个线性运算的叠加可以用一个线性运算来表示；如果将多个卷积运算直接堆叠起来，虽然进行了很多层卷积运算，但多层卷积运算可以被合并到一起形成一个卷积运算来代替，这与用多个卷积核设置多个卷积层来提取图像的不同特征并进行高级抽象的初衷是违背的。因此，在每个卷积层后面加一个非线性激活函数，那么每个卷积层的效果就可以得到"保留"。

非线性激活函数有很多种，ReLU 函数是卷积神经网络中常用的一种，它的表达式为 $f(x) = \max(0, x)$，对于输入的特征向量或特征图，它会将小于零的元素变为零，保持其他元素不变。由于 ReLU 函数的计算非常简单，所以它的计算速度往往比其他非线性函数快，加之其在实际应用中的效果很好，因此在很多深度网络中被广泛地使用。

为了加深对非线性激活函数的理解，可以拿中医中的"针灸"作为类比（见图 2-15）。

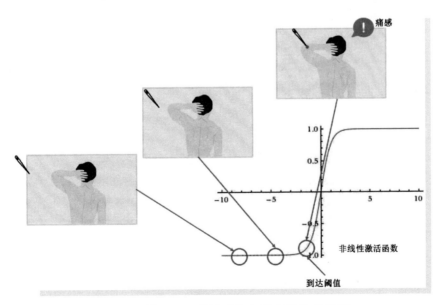

● 图 2-15　激活函数与针灸类比示意图

当针与皮肤有一段距离时，人不会感到疼痛，针与皮肤的远近和大脑中的"痛感"没有关系；当针接触到皮肤并且扎进皮肤时，人就会感到疼痛，也就是大脑中的"痛感"被激活了，针扎进皮肤的距离与大脑中的"痛感"具有相关性。非线性激活函数就是这个原理，神经网络训练出来的信息，如果没有达到阈值，说明是无用信息；如果超过阈值，特征就会通过非线性激活函数传递下去。

▶▶2.2.4 池化层的原理

池化（Pooling）操作实质上是一种对统计信息提取的过程。在卷积神经网络中，池化运算是对特征图上的一个给定区域求出一个能代表这个区域特殊点的值，常见的两种池化方法是最大池化（Max-Pooling）和平均池化（Average-Pooling）。

图 2-16 是最大池化示意图，将整个矩阵分为多个子区域，取每个子区域的最大值作为新矩阵中的对应元素。

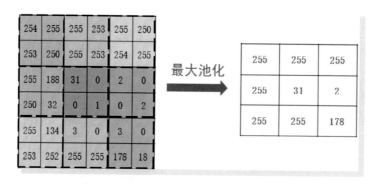

● 图 2-16　最大池化示意图

图 2-17 是平均池化示意图，与最大池化不同的是，它是取每个子区域的平均值作为新矩阵中的对应元素。

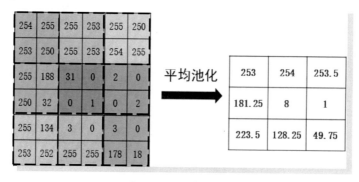

● 图 2-17　平均池化示意图

　　池化操作也可以按照一定的步长（stride）来进行。图 2-16 和图 2-17 中池化操作的步长为 2。在实际的卷积网络结构中，池化操作的步长要小于池化区域的边长，这样能使相邻池化区域有一定的重叠，常见的情况是池化步长等于池化区域的边长减 1，例如，池化区域为 2×2，步长可以设为 1。

　　池化层的主要作用表现在两个方面。

　　1）减少特征图的尺寸。从上面的分析可知，特征图在经过池化后，尺寸减小了，这对于减少计算量和防止过拟合是非常有利的。

　　2）引入不变性。最常用的最大池化是选取特征图子区域中最大的那个值，所以这个最大值无论在子区域的哪个位置，通过最大池化运算总会选到它；所以这个最大值在这个子区域内的任何位移对运算结果都不会产生影响，相当于对微小位移的不变性。

▶▶2.2.5　全连接层的原理

　　卷积神经网络中的全连接层（Fully Connected Layers，FC）与深度神经网络的全连接层原理相同，全连接层在整个卷积神经网络中起到"分类器"或"预测器"的作用。

2.3　从仿生角度看卷积神经网络

　　1981 年诺贝尔生理学或医学奖颁发给了 David Hubel，他发现了视觉系统信息处理机制，证明大脑的可视皮层是分级的。David Hubel 认为人的视觉功能主要有两个：一个是抽象，一个是迭代。抽象就是把非常具体的形象的元素抽象出来形成有意义的概念；这些有意义的概念又会往上迭代，变成更加抽象，从而使人可以感知到的抽象概念。

　　如果要模拟人脑，我们也要模拟抽象和递归迭代的过程，把信息从最细琐的像素级别抽象到"属性"的概念，让人能够接受。卷积神经网络的工作原理便体现了这一点，如图 2-18 所示。因此，从仿生学的角度来看，卷积神经网络是一种模仿大脑的可视皮层工作原理的深度神经网络。

　　卷积神经网络在图像分类、目标检测、图像分割等方面应用效果显著，极大地推动了计算机视觉技术的发展及应用。

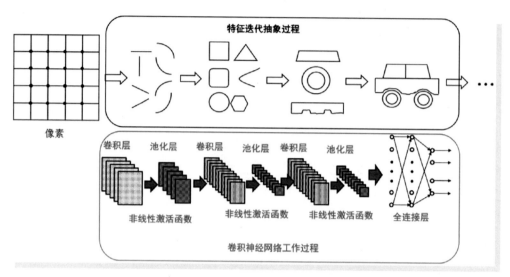

● 图 2-18　卷积神经网络对特征迭代抽象过程示意图

2.4　基于深度学习工具箱函数构造卷积神经网络

在本小节中，我们通过 MATLAB 中的深度学习工具箱（Deep Learning Toolbox）来构建一个用于分类的卷积神经网络。

本书采用 MATLAB 中 Deep Learning Toolbox 进行开发。Deep Learning Toolbox 提供了一个用于通过算法、预训练模型和应用程序来设计和实现深度神经网络的框架，可以使用卷积神经网络和长短期记忆网络对图像、时序和文本数据执行分类和回归，并且具有良好的可视化及交互效果，可以监控训练进度和训练网络架构。在 Deep Learning Toolbox 中，对于小型训练集，可以使用预训练深度网络模型以及从 Keras 和 Caffe 导入的模型执行迁移学习；要加速对大型数据集的训练，可以使用 Parallel Computing Toolbox 将计算和数据分布到多核处理器和 GPU 中，或者使用 Distributed Computing Server 扩展到群集和云中。

▶▶2.4.1　案例需求与实现步骤

【例 2-1】　构建一个卷积神经网络，可实现对输入的含有 0 ~ 9 数字的二值图像（像素为 28 × 28）进行分类，并计算分类准确率。

实现步骤：

步骤 1：加载图像样本数据。

步骤 2：将加载的图像样本分为训练集和测试集。

步骤 3：构建卷积神经网络。

步骤 4：配置训练选项并开始训练。

步骤 5：将训练好的网络用于对新的输入图像进行分类，并计算准确率。

▶▶2.4.2 本节中用到的函数解析

1. imageInputLayer 函数

功能：创建一个图像输入层。

用法：layer = imageInputLayer（inputSize）。

输入：InputSize 为输入图像数据的像素大小，格式为具有三个整数值［h w c］的行向量，其中 h 是高，w 是宽，c 是通道数。

输出：layer 为图像输入层。

例如，imageInputLayer(［28 28 1］)，这个语句实现的功能为创建一个输入层，该输入层为 1 个通道，输入图像的像素大小为 28×28。

2. convolution2dLayer 函数

功能：创建一个二维卷积层。

用法：

语法①

layer = convolution2dLayer(filterSize,numFilters)。

输入：filterSize 为卷积核大小，格式为具有两个整数的向量［h w］，其中 h 是高，w 是宽；numFilters 为滤波器个数。

输出：layer 为二维卷积层。

语法②

layer = convolution2dLayer(filterSize,numFilters,Name,Value)。

该函数中常用参数的具体含义见表 2-1。

表 2-1 convolution2dLayer 函数常用参数含义

名　　称	含　　义
Padding	卷积的方式，默认值为' same '
Stride	竖直和水平方向计算时的步长，默认值为［1 1］
NumChannels	每个卷积核的通道数，默认值为' auto '，即根据输入的通道数自动调整
Name	层名

例如，convolution2dLayer([3 3],8,' Padding ',' same ')，这个语句实现的功能为创建一个卷积层，卷积核大小为 3 × 3，卷积核的个数为 8（每个卷积核的通道数与输入图像的通道数相等），卷积的方式为零填充方式（即设定为 same 方式）。

● 温馨提示

如果卷积核为方阵，卷积核的大小可以只用方阵的维数表示。即 convolution2dLayer([3 3],8,' Padding ',' same ') 也可以表示为 convolution2dLayer(3,8,' Padding ',' same ')。

3. batchNormalizationLayer 函数

功能：创建一个批量归一化（Batch Normalization）层，将上一层的输出信息批量进行归一化后再送入下一层。

用法：layer = batchNormalizationLayer。

输出：layer 为所构建的批量归一化层。

4. reluLayer 函数

功能：创建一个 ReLU 非线性激活函数。

用法：layer = reluLayer。

输出：layer 为 ReLU 非线性激活函数。

5. maxPooling2dLayer 函数

功能：创建一个二维最大池化层。

用法：

语法①

layer = maxPooling2dLayer（poolSize）。

输入：poolSize 为池化区域的大小。

输出：layer 为最大池化层。

语法②

layer = maxPooling2dLayer（poolSize, Name, Value）。

该函数中常用参数的具体含义见表 2-2。

表 2-2　maxPooling2dLayer 函数参数含义

名　　称	含　　义
Name	层名
Stride	步长，默认值为 [1 1]

例如，maxPooling2dLayer(2,'Stride',2)，这个语句实现的功能为创建一个最大池化层，池化层的区域为 2×2，进行池化运算的步长为 2。

6. fullyConnectedLayer 函数

功能：创建一个全连接层。

用法：

语法①

layer = fullyConnectedLayer(outputSize)。

输入：outputSize 指定所要输出的全连接层的大小。

输出：layer 为全连接层。

语法②

layer = fullyConnectedLayer(outputSize,Name,Value)。

该函数中常用参数的具体含义见表 2-3。

表 2-3   fullyConnectedLayer 函数参数含义

名　称	含　义
Name	层名
InputSize	层输入大小，默认值为'auto'，即根据输入的通道数自动调整
OutputSize	层输出大小

例如，fullyConnectedLayer（10），这个语句实现的功能为创建一个有 10 个输出的全连接层。

7. softmaxLayer 函数

功能：创建一个 softmax 层。

用法：layer = softmaxLayer。

输出：layer 为 Softmax 层。

8. classificationLayer 函数

功能：该函数创建一个分类输出层。

用法：layer = classificationLayer。

输出：layer 为分类层。

▶▶2.4.3 构造卷积神经网络

针对本节 2.4.1 中所提出的需求，构建具有两个卷积层的卷积神经网络，网络结构及各部分的参数见表 2-4。

表 2-4　所设计的卷积神经网络及各部分的参数

名　　称	备　　注
输入	像素为 28×28，1 个通道
卷积层 1	卷积核大小为 3×3，卷积核的个数为 8（每个卷积核 1 个通道），卷积的方式为零填充方式（即设定为 same 方式）
批量归一化层 1	加快训练时网络的收敛速度
非线性激励函数 1	ReLU 函数
池化层 1	池化方式为最大池化；池化区域为 2×2，步长为 2
卷积层 2	卷积核大小为 3×3，卷积核的个数为 16（每个卷积核 8 个通道），卷积的方式为零填充方式（即设定为 same 方式）
批量归一化层 2	加快训练时网络的收敛速度
非线性激励函数 2	ReLU 函数
池化层 2	池化方式为最大池化；池化区域为 2×2，步长为 2
全连接层	全连接层输出的个数为 10 个
Softmax 层	得出全连接层每一个输出的概率
分类层	根据概率确定类别

采用 2.4.2 节所介绍的函数，实现表 2-4 所示的卷积神经网络的程序代码如下。

```
layers =[
    imageInputLayer([28 28 1])
convolution2dLayer([3 3],8,'Padding','same')
batchNormalizationLayer
    reluLayer
    maxPooling2dLayer(2,'Stride',2)

convolution2dLayer([3 3],16,'Padding','same')
batchNormalizationLayer
    reluLayer
    maxPooling2dLayer(2,'Stride',2)

    fullyConnectedLayer(10)
    softmaxLayer
classificationLayer ];
```

▶▶2.4.4　程序实现与详解

满足 2.4.1 需求的程序代码如例程 2-1 所示，其运行效果如图 2-19 所示。请读者结合注释仔细理解。

例程 2-1：构建一个用于分类的卷积神经网络。

```
**********************************************************
%%   程序说明
% 例程 2-1
% 功能:对含有 0~9 数字的二值图像(像素为 28×28)进行分类,并计算分类准确率
% 作者:zhaoxch_mail@sina.com
% 注:1)本实例主要用于说明如何构建网络,如何改变网络结构及网络结构改变后的影响
%    2)请重点关注步骤 2
%    3)做一些网络结构的调整,主要改变步骤 3 中的相关参数设置即可

%% 步骤 1:加载图像样本数据,并显示其中的部分图像
digitDatasetPath = fullfile(MATLABroot,'toolbox','nnet','nndemos', ...
    'nndatasets','DigitDataset');
imds = imageDatastore(digitDatasetPath, ...
    'IncludeSubfolders',true,'LabelSource','foldernames');
figure;
perm = randperm(10000,20);
for i = 1:20
    subplot(4,5,i);
    imshow(imds.Files{perm(i)});
end
%% 步骤 2:将加载的图像样本分为训练集和测试集(在本例中,训练集的数量为 750 幅,剩余的为测试集)
numTrainFiles = 750;
[imdsTrain,imdsValidation] = splitEachLabel(imds,numTrainFiles,'randomize');
%% 步骤 3:构建网络(注:可以在该部分进行相关参数的设置改进)
layers =[
imageInputLayer([28 28 1])
    convolution2dLayer([3 3],8,'Padding','same')
    batchNormalizationLayer
    reluLayer
    maxPooling2dLayer(2,'Stride',2)

    convolution2dLayer([3 3],16,'Padding','same')
    batchNormalizationLayer
    reluLayer
maxPooling2dLayer(2,'Stride',2)

    fullyConnectedLayer(10)
    softmaxLayer
    classificationLayer];
%% 步骤 4:配置训练选项并开始训练
    options = trainingOptions('sgdm', ...
    'InitialLearnRate',0.01, ...
```

```
    'MaxEpochs',4, ...
    'Shuffle','every-epoch', ...
    'ValidationData',imdsValidation, ...
    'ValidationFrequency',30, ...
    'Verbose',false, ...
    'Plots','training-progress');  %配置训练选项

    net = trainNetwork(imdsTrain,layers,options);%对网络进行训练

%% 步骤5:将训练好的网络用于对新的输入图像进行分类,并计算准确率
    YPred = classify(net,imdsValidation);
    YValidation = imdsValidation.Labels;
    accuracy = sum(YPred == YValidation)/numel(YValidation)
*****************************************************
```

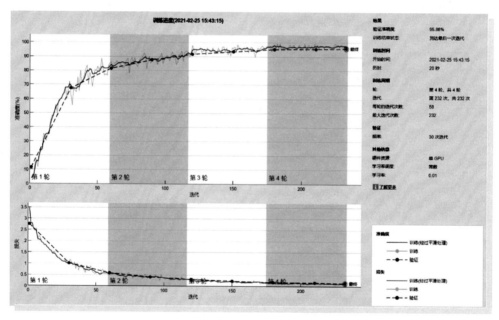

● 图 2-19　例程 2-1 的运行结果

2.5　采用 Deep Network Designer 实现卷积网络设计

▶▶2.5.1　什么是 Deep Network Designer

Deep Network Designer 是一款基于模块化设计深度网络的应用程序，可以通过拉拽模块来

实现深度网络的构建，其具体功能如下。

1）导入预训练网络并对其进行编辑以进行迁移学习。

2）构建新网络。

3）对网络结构进行改进。

4）查看和编辑网络属性。

5）分析、检验所设计网络的正确性、合理性。

6）完成网络设计后，可将其导出到工作区，在命令窗口中训练网络。

▶▶2.5.2 如何打开 Deep Network Designer

方式 1：在 MATLAB 的命令窗口输入如下代码。

```
deepNetworkDesigner
```

方式 2：通过单击相应的 App 进入，如图 2-20 所示。

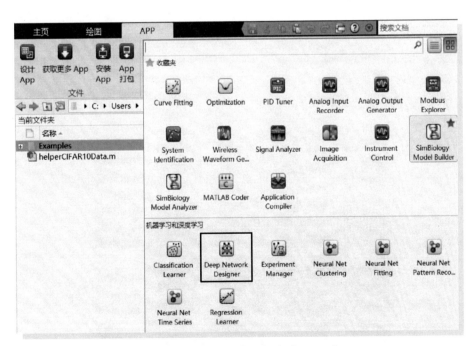

● 图 2-20 通过单击相应的 App 进入

进入 Deep Network Designer 的界面，单击"常规"菜单栏的"空白网络"按钮新建网络，新建空白网络页面和各区域的功能如图 2-21 所示。

● 图 2-21　Deep Network Designer 的界面及各区域的功能

▶▶ 2.5.3　需求实例

基于 Deep Network Designer 构建一个卷积神经网络，可实现对输入的含有 0 ~ 9 数字的二值图像（像素为 28×28）进行分类，并计算分类准确率。

部分输入图像如图 2-22 所示。

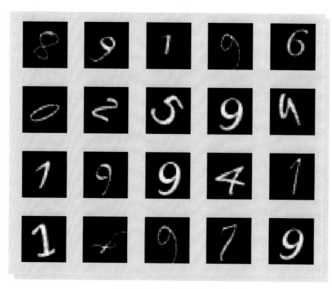

● 图 2-22　部分输入图像

▶▶ 2.5.4 在 Deep Network Designer 中构建卷积神经网络

针对本节 2.5.3 的需求，所设计的卷积神经网络见表 2-5。

表 2-5　所设计的卷积神经网络及各部分的参数

名　　称	备　　注
输入	像素为 28×28，1 个通道
卷积层 1	卷积核大小为 3×3，卷积核的个数为 32（每个卷积核 1 个通道），卷积的方式为零填充方式（即设定为 same 方式）
批量归一化层 1	功能为加快训练时网络的收敛速度
非线性激励函数 1	ReLU 函数
池化层 1	池化方式为最大池化，池化区域为 2×2，步长为 1
卷积层 2	卷积核大小为 3×3，卷积核的个数为 32（每个卷积核 32 个通道），卷积的方式为零填充方式（即设定为 same 方式）
批量归一化层 2	功能为加快训练时网络的收敛速度
非线性激励函数 2	ReLU 函数
池化层 2	池化方式为最大池化，池化区域为 2×2，步长为 2
全连接层	全连接层输出的个数为 10 个
Softmax 层	得出全连接层每一个输出的概率
分类层	根据概率确定类别

在 Deep Network Designer 中构建表 2-5 所列的卷积神经网络，步骤如下。

步骤 1：如图 2-23 所示，从模块库中将 ImageInputLayer 模块拖到操作区当中，单击该模块，在右侧属性显示区中对其进行参数设置，将其设置为输入图像的大小为 28×28，1 个通道。

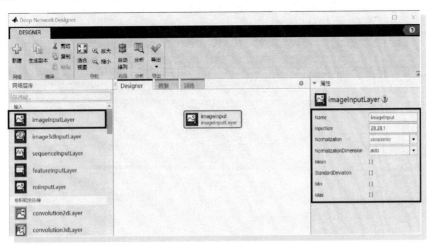

● 图 2-23　构建输入层并对其进行参数设置

步骤 2：如图 2-24 所示，从模块库中将 Convolution2DLayer 模块拖到操作区当中，单击该模块，在右侧属性显示区中对其进行参数设置，并对其设置：卷积核大小为 3×3，卷积核的个数为 32 （每个卷积核 1 个通道），卷积的方式为零填充方式 （即设定为 same 方式），其他采用默认的设置。

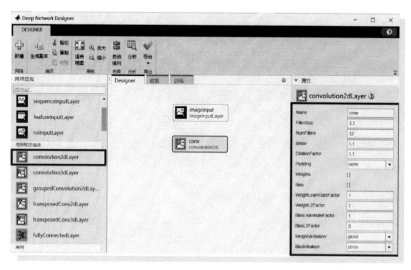

● 图 2-24　构建卷积层 1 并对其进行参数设置

步骤 3：如图 2-25 所示，从模块库中将 BatchNormalizationLayer 拖到操作区当中，单击该模块，在右侧属性显示区中对其进行参数设置，参数采用默认的参数。

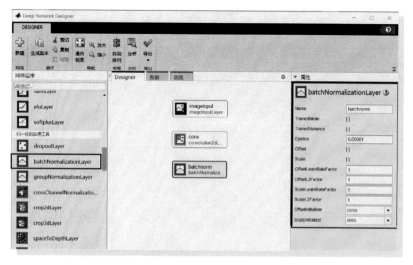

● 图 2-25　构建批量归一化层 1 并对其进行参数设置

步骤4：如图2-26所示，从模块库中将ReLULayer模块拖到操作区当中。

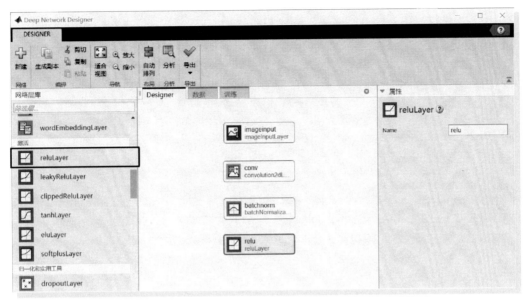

• 图2-26 构建非线性激活函数层

步骤5：如图2-27所示，从模块库中将MaxPooling2DLayer模块拖到操作区当中，单击该模块，在右侧属性显示区中对其进行参数设置，并对其设置：池化区域为2×2，步长为1，其他采用默认的设置。

• 图2-27 构建最大池化层1并对其进行参数设置

步骤 6：如图 2-28 所示，按照步骤 2～步骤 5 的方式构建卷积层 2、批量归一化层 2、非线性激活函数 2、最大池化层 2，参数设置按照表 2-5 所列的参数进行设置。

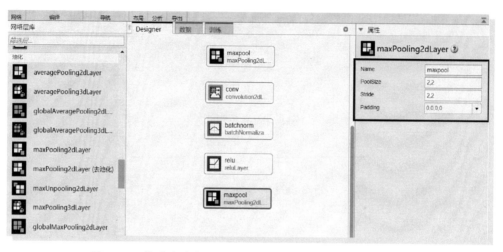

● 图 2-28　构建卷积层 2、批量归一化层 2、非线性激活函数 2、
最大池化层 2 并对其进行参数设置

步骤 7：如图 2-29 所示，从模块库中将 FullyConnectedLayer 模块拖到操作区中，单击该模块，在右侧属性显示区中对其进行参数设置，并对其设置：输出的个数为 10 个，其他采用默认的设置。

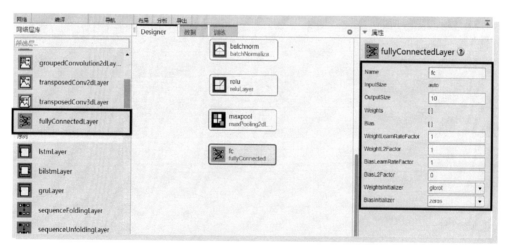

● 图 2-29　构建全连接层并对其进行参数设置

步骤 8：如图 2-30 所示，从模块库中将 SoftmaxLayer 拖到操作区中。

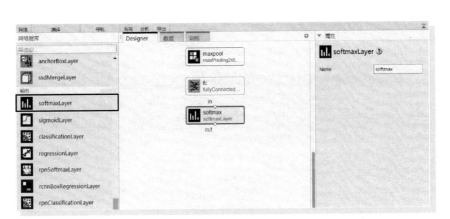

● 图 2-30　构建 SoftmaxLayer 层

步骤 9： 如图 2-31 所示，从模块库中将 ClassificationLayer 拖到操作区中。

● 图 2-31　构建分类层

步骤 10： 如图 2-32 所示，将各层顺序依次连接。

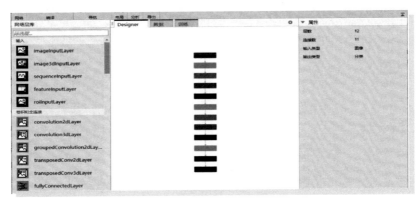

● 图 2-32　将各层顺序依次连接

步骤 11：如图 2-33 所示，单击控制面板上的"分析"按钮 ，对所设计的网络进行检查，检查结果如图 2-34 所示。通过检查结果可知，卷积网络设计是正确的。

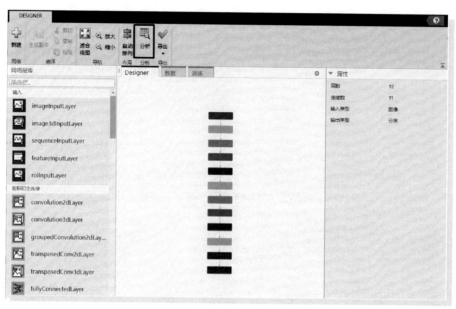

● 图 2-33　对网络进行检查

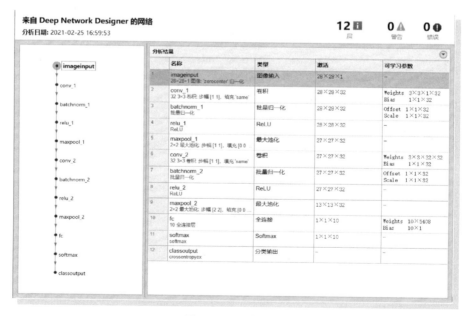

● 图 2-34　网络检查结果

步骤 12：如图 2-35 所示，单击"导出"按钮，会将网络导出到工作区（Workspace），并默认名为 layer_1。

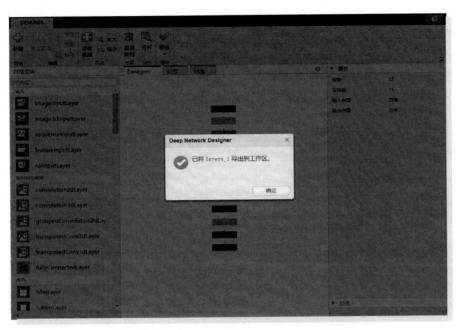

● 图 2-35　将网络导出到工作区（Workspace）

步骤 13：如图 2-36 所示。在工作区中选中导出的卷积神经网络，通过单击右键对其重命名为 covnet1。

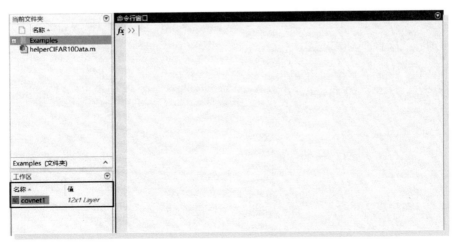

● 图 2-36　对导出到工作区的网络进行重命名

2.6 其他与构建深度网络相关的函数

1. 泄露 **ReLU** 层： **leakyReluLayer** 函数

功能：该函数创建一个泄露 ReLU （ Leaky ReLU ） 层。其中，scale 通常是一个非常小的值。Leaky ReLU 设计的目的是解决梯度在传播过程中可能带来的 ReLU 失效问题，即 ReLU 函数因为超过阈值而几乎永久关闭，导致无法更新权重参数。理论上讲，Leaky ReLU 有 ReLU 的所有优点，并且不会出现 ReLU 失效问题。

$$f(x) = \begin{cases} x, & x \geqslant 0 \\ scale * x, & x < 0 \end{cases}$$

用法：

语法①

layer = leakyReluLayer。

输出：layer 为 Leaky ReLU 层。

语法②

layer = leakyReluLayer(scale)。

输入：参数 scale 为一个数值标量，用以与负输入相乘。

输出：layer 为 Leaky ReLU 层。

语法③

layer = leakyReluLayer(scale,' Name ',Name)。

输入：参数 scale 为一个数值标量，用以与负输入相乘；Name 为该层的名称。

输出：layer 为 Leaky ReLU 层。

2. 限幅 **ReLU** 层： **clippedReluLayer** 函数

功能：该函数创建一个限幅 ReLU （ Clipped ReLU ） 层。Clipped ReLU 函数对激活的最大值进行了限制。

$$f(x) = \begin{cases} 0, & x < 0 \\ x, & 0 \leqslant x < ceiling \\ ceiling, & x \geqslant ceiling \end{cases}$$

用法：

语法①

layer = clippedReluLayer(ceiling)。

输入：ceiling 为裁剪上限。

输出：layer 为限幅 ReLU 层。

语法②

layer = clippedReluLayer(ceiling,' Name ', Name)。

输入：ceiling 为裁剪上限，Name 为该层的名称。

输出：layer 为限幅 ReLU 层。

3. 反最大池化层： maxUnpooling2dLayer 函数

功能：该函数创建一个反最大池化层。要进行反最大池化操作，需要在池化过程中记录最大激活值的坐标位置，然后在反池化时，把池化过程中最大激活值所在位置坐标值激活，其他的值设置为 0。这种操作由于丢失了其他激活值的大小和位置信息，只是一种近似计算。

用法：

语法①

layer = maxUnpooling2dLayer。

输出：layer 为最大反池化层。

语法②

layer = maxUnpooling2dLayer(' Name ', Name)。

输入：Name 为该层的名称。

输出：layer 为最大反池化层。

4. 跨通道归一化层： CrossChannelNormalizationLayer 函数

功能：该函数创建一个通道级的归一化层。

用法：

语法①

layer = crossChannelNormalizationLayer(windowChannelSize)。

输入：windowChannelSize 指定通道窗口的大小，控制用于归一化每个元素的通道数。

输出：layer 为 CrossChannelNormalization 层。

语法②

layer = crossChannelNormalizationLayer(windowChannelSize , Name , Value)。

可以通过指定"名称-取值"对（Name 和 Value）来配置特定属性（将每种属性名称括在单引号中），具体含义见表 2-6。

表 2-6　crossChannelNormalizationLayer 函数参数含义

名　称	含　义
Name	层名
Alpha	归一化中的超参数（乘数项）α
Beta	归一化中的超参数 β，其值必须大于或等于 0.01
K	归一化中的超参数 K，其值必须大于或等于 10^{-5}

5. 转置的卷积层：transposedConv2dLayer 函数

功能：该函数创建一个转置的二维卷积层。注意该层是卷积的转置，不执行反卷积操作。

用法：

语法①

layer = transposedConv2dLayer(filterSize, numFilters)。

输入：filterSize 为滤波器大小，格式为具有两个整数的向量 [h w]，其中 h 是高，w 是宽；numFilters 为滤波器数。

输出：layer 为转置的二维卷积层。

语法②

layer = transposedConv2dLayer(filterSize, numFilters, Name, Value)。

可以通过指定"名称-取值"对（Name 和 Value）来配置特定属性（将每种属性名称括在单引号中），具体含义见表 2-7。

表 2-7　transposedConv2dLayer 函数参数含义

名　称	含　义
Stride	遍历输入的步长
Cropping	输出大小修剪
NumChannels	对于每个滤波器的通道数
WeightLearnRateFactor	权重的学习率因子
WeightL2Factor	权重的 L2 范数正则化因子
BiasLearnRateFactor	偏置量的学习率因子
BiasL2Factor	偏置量的 L2 范数正则化因子

案例3

▶▶▶▶▶▶

精雕细琢：如何训练一个卷积
神经网络

前一章讲解了如何构建一个卷积神经网络，如何使一个卷积神经网络达到期望的分类或预测效果，这就需要对网络进行合理的训练。本章将结合案例介绍卷积神经网络训练的方法、步骤和技巧。

3.1 基本概念一点通

从数学角度看，机器学习的目标是建立起输入数据与输出的函数关系，如果用 x 代表输入数据、用 y 代表输出，机器学习的目标就是建立 y = F(x)的过程。F(x)就是我们所说的模型，对于用户来说，模型就相当于一个黑箱，用户无须知道其内部的结构，只要将数据输入到模型中，它就可以输出对应的数值。那么，怎么确定 F(x)呢？是通过大量的数据训练得到的。在训练时，我们定义一个损失函数 L(x)（如真实的输出与模型输出的偏差），通过数据反复迭代使损失函数 L(x)达到最小，此时的 F(x)就是所确定的模型，整个过程如图 3-1 所示。

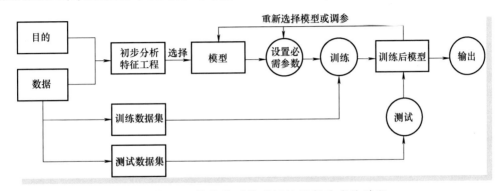

● 图 3-1　机器学习模型训练反复迭代的过程

在学习机器学习的相关理论与技术的过程中，我们经常会遇到一些专业的概念和术语，下面就给出这些概念及术语的通俗易懂的解释：

- **训练样本**：用于训练的数据。
- **训练**：对训练样本的特征进行统计和归纳的过程。
- **模型**：总结出的规律、标准，迭代出的函数映射。
- **验证**：用验证数据集评价模型是否正确的过程，即将一些样本数据代入模型中，看它的准确率如何。
- **超参数**：是在开始学习过程之前设置值的参数，而不是通过训练得到的参数。在深度学习中常见的超参数有学习速率、迭代次数、层数、每层神经元的个数等，超参数有时也被简称为"超参"。
- **参数**：模型根据数据可以自动学习出的变量，在深度学习中常见的参数有权重、偏置等。
- **泛化**：指机器学习算法对新样本的适应能力。

过拟合和欠拟合是机器学习的常见的现象。过拟合（见图 3-2）是指模型在训练数据集上表现过于优越，导致在验证数据集以及测试数据集中表现不佳，也就是在训练集上准确率很高，但换新数据会严重误判。欠拟合是指样本过少，无法归纳出足够的共性。模型在训练集表现差，在测试集表现同样会很差。欠拟合的具体表现为模型拟合程度不高、数据距离拟合曲线较远、模型没有很好地捕捉到数据特征等，如图 3-3 所示。

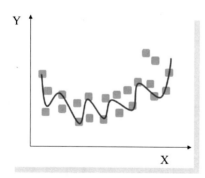

● 图 3-2　过拟合示意图

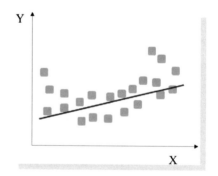

● 图 3-3　欠拟合示意图

3.2　实例需求与实现步骤

【例 3-1】　构建并训练一个卷积神经网络，对输入图像中（像素为 28×28）数字的倾斜角度进行预测，计算预测准确率和均方根误差（RMSE）。部分输入图像如图 3-4 所示。

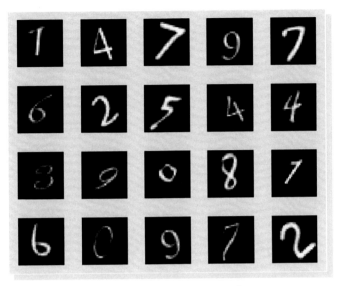

● 图 3-4　部分输入图像

上述需求可以通过以下 5 个步骤实现：

步骤 1：加载图像样本数据。

步骤 2：将加载的图像样本分为训练集和测试集。

步骤 3：构建卷积神经网络。

步骤 4：配置训练选项并开始训练。

步骤 5：将训练好的网络用于对新的输入图像进行分类，并计算准确率和均方根误差。

3.3　构建卷积神经网络

针对 3.2 节中所提出的需求，构建具有三个卷积层的卷积神经网络，网络结构及各部分的参数见表 3-1。

表 3-1　所设计的卷积神经网络及各部分的参数

名　　称	备　　注
输入	像素为 28×28，1 个通道
卷积层 1	卷积核大小为 3×3，卷积核的个数为 8（每个卷积核 1 个通道），卷积的方式为零填充方式（即设定为 same 方式）

（续）

名　　称	备　　注
批量归一化层 1	加快训练时网络的收敛速度
非线性激励函数 1	ReLU 函数
池化层 1	池化方式为平均池化，池化区域为 2×2，步长为 2
卷积层 2	卷积核大小为 3×3，卷积核的个数为 16（每个卷积核 8 个通道），卷积的方式为零填充方式（即设定为 same 方式）
批量归一化层 2	加快训练时网络的收敛速度
非线性激励函数 2	ReLU 函数
池化层 2	池化方式为平均池化，池化区域为 2×2，步长为 2
卷积层 3	卷积核大小为 3×3，卷积核的个数为 32（每个卷积核 16 个通道），卷积的方式为零填充方式（即设定为 same 方式）
批量归一化层 3	加快训练时网络的收敛速度
非线性激励函数 3	ReLU 函数
Dropout	随机将 20% 的输入置零，防止过拟合
全连接层	全连接层输出的个数为 1
回归层	用于预测结果

本节实例涉及的卷积层、批量归一化层、非线性激励函数、最大池化层、全连接层的构建函数及其使用方法详见本书的 2.4 节。

本节详细介绍平均池化层、丢弃层、分类层的构建函数及其使用方法。

1. averagePooling2dLayer 函数

功能：对输入的特征图进行二维平均池化。

用法：

语法①

layer = averagePooling2dLayer(poolSize)。

输入：poolSize 为池化区域的大小。

输出：平均池化层。

语法②

layer = averagePooling2dLayer(poolSize, Name, Value)。

可以通过指定"名称-取值"对（Name 和 Value）来配置特定属性（将每种属性名称括在单引号中），具体含义见表 3-2。

表 3-2　averagePooling2dLayer 函数参数含义

名　称	含　义
Name	层名
Stride	步长，默认值为［1 1］

例如，averagePooling2dLayer（2,' Stride ',2），这个语句实现的功能为创建一个平均池化层，池化层的区域为 2×2，进行池化运算的步长为 2。

2. 创建 Dropout 层： dropoutLayer 函数

功能：创建一个丢弃（Dropout）层，该层按给定的概率随机地将输入元素设置为零。

用法：

语法①

layer ＝ dropoutLayer。

该用法是将输入元素的 50% 随机置零。

语法②

layer ＝ dropoutLayer(probability)。

输入：随机置零的概率。

输出：丢弃层。

例如，dropoutLayer（0.2），这个语句实现的功能为创建一个丢弃层，将输入元素的 20% 随机置零。

3. 创建回归层： regressionLayer 函数

功能：创建一个回归（Regression）层。

用法：layer ＝ regressionLayer。

实现表 3-1 所示的卷积神经网络的程序代码如下。

```
layers =[
imageInputLayer([28 28 1])

    convolution2dLayer(3,8,'Padding','same')batchNormalizationLayer
    reluLayer                               averagePooling2dLayer(2,'Stride',2)


    convolution2dLayer(3,16,'Padding','same')    batchNormalizationLayer
  reluLayer                                      averagePooling2dLayer(2,'Stride',2)
```

```
convolution2dLayer(3,32,'Padding','same')        batchNormalizationLayer
reluLayer

dropoutLayer(0.2)
fullyConnectedLayer(1)
regressionLayer ];
```

3.4 训练卷积神经网络

1. trainingOptions 函数

功能：用于设定网络训练的配置选项。

用法：

语法①

options = trainingOptions(solverName)。

输入：solverName 用来指定训练方法，可以将其设置为' adam '、' rmsprop '、' sgdm '。

输出：options 为用于网络训练的配置选项，作为 trainNetwork 函数的输入参数。

语法②

options = trainingOptions(solverName,Name,Value)。

输入：solverName 指定训练方法，可以将其设置为' adam '（基于自适应低阶矩估计的随机目标函数一阶梯度优化算法）、' rmsprop '（均方根反向传播）、' sgdm '（动量随机梯度下降）；指定的"名称-取值"对（Name 和 Value），可以给特定属性赋值（将每种属性名称括在单引号中）。按照功能划分的具体含义见表3-3。

输出：options 为用于网络训练的配置选项，作为 trainNetwork 函数的输入参数。

表 3-3　trainingOptions 函数参数含义

名　称	含　义
■绘图与显示	
Plots	绘制图像。当将其设置为' training-progress '时，显示训练过程，将其设置为' none '时，不显示训练过程。该参数的默认值为' none '
Verbose	是否在命令窗口显示训练进度。当其设置为1（true）时，在命令窗口显示训练进度，当其设置为0（false）时，在命令窗口不显示训练进度。该参数的默认值为1（true）
VerboseFrequency	在屏幕上显示训练进度的频率。当 Verbose 被设置为1（true）时，可以通过设置 VerboseFrequency 来确定显示的频率，默认值为50

（续）

名　称	含　义
■小批量（Mini-Batch）选项	
MaxEpochs	最大轮数，其默认值为30 注：在训练或验证过程中，所有训练数据或验证数据都用过一遍叫作"一轮"（Epoch）
MiniBatchSize	小批量（minibatch）中的样本数，其默认值为128 注：小批量样本是指从数据集中选出一部分数据子集，用这些选出来的数据子集来计算一次网络参数更新值，然后再用平均参数更新值来调整整个网络的参数。例如，如果从1200个训练数据中任意选出200个数据作为小批量中的样本数，那么用这200个数据训练一次网络得到一次参数的更新值，进行6次（1200/200）这样的训练，取这6次的平均值来调整整个网络的参数 关于小批量方法的进一步介绍，详见本节的"扩展阅读2"
Shuffle	数据打乱选项。可将其设置为： • 'once'：在训练或验证之前打乱数据 • 'never'：不打乱数据 • 'every-epoch'：在每一轮训练或验证开始之前打乱数据 该参数的默认值为'once'

■验证

注：在训练深度网络的过程中，验证与训练同时进行。之所以要进行验证，是为了防止用训练数据训练的模型产生过拟合。如果用训练数据得到的精度远比用测试数据得到的精度高，或用训练数据得到的损失远比用测试数据得到的损失低，说明网络已经过拟合。

名称	含义
ValidationData	指定训练期间所用的数据
ValidationFrequency	验证的频率。默认值为50次/轮 即每一轮中计算精度、损失或精度、均方根误差的次数
InitialLearnRate	设定初始的学习率。采用'sgdm'训练方法时，初始学习率的默认值为0.01；采用'rmsprop'或'adam'训练方法时，初始的学习率为0.001
LearnRateSchedule	训练期间减小学习率的设置。可将其设置为： • 'none'：在训练的过程中，学习率一直保持不变 • 'piecewise'：每隔一定周期，学习率减少（乘以一个小于1的学习率减少因子） 其默认值为：'none'
LearnRateDropPeriod	减小学习率的周期间隔数，其默认值为10（即训练10轮，学习率减少一次）
LearnRateDropFactor	学习率减小因子，可以将其设置为0~1的一个小数。默认值为0.1。 当LearnRateSchedule设置为'piecewise'时，可对LearnRateDropFactor进行设置

当训练某一个网络时，InitialLearnRate设置为0.01，LearnRate Schedule设置为'piecewise'，LearnRateDropPeriod设置为5，LearnRateDropFactor设置为0.2，其含义为，初始学习率为0.01，学习率在训练的过程中是变化的，每隔5轮，学习率是之前的0.2倍。如从开始5轮之后，学习率减小为0.01×0.2 = 0.002。

（续）

名　　称	含　　义
■硬件选项	
ExecutionEnvironment	硬件资源设置参数，可以将其设置为： • 'auto'：如果运行的计算机上有 GPU，则用 GPU，如果没有，则用 CPU • 'cpu'：设置为采用 CPU 进行训练 • 'gpu'：设置为采用 GPU 进行训练 • 'multi-gpu'：设置为采用多 GPU 进行训练 • 'parallel'：设置为采用并行计算

设置卷积网络训练参数配置的程序如下。

```
miniBatchSize  = 128;                                              % 小批量中样本量为 128
validationFrequency = floor(numel(YTrain)/miniBatchSize);          % 验证频率
options = trainingOptions('sgdm', ...         % 设置训练方法,本例中将其设置为 SGDM 法
    'MiniBatchSize',miniBatchSize, ...        % 设置小批量中的样本数,本例中将其设置为 128
    'MaxEpochs',30, ...                       % 设置最大训练轮数,在本例当中,最大训练轮数为 30
    'InitialLearnRate',0.001, ...             % 设置初始学习率为 0.001
    'LearnRateSchedule','piecewise', ...      % 设置初始的学习率是变化的
    'LearnRateDropFactor',0.1, ...            % 设置学习率减少因子为 0.1
    'LearnRateDropPeriod',20, ...             % 设置学习率减少周期为 20 轮
    'Shuffle','every-epoch', ...              % 设置每一轮都打乱数据
    'ValidationData',{XValidation,YValidation}, ...% 设置验证得数据
    'ValidationFrequency',validationFrequency, ... % 设置验证频率
    'Plots','training-progress', ...          % 设置打开训练进度图
    'Verbose',true);                          % 设置打开命令窗口的输出
```

2. trainNetwork 函数

功能：用于训练卷积神经网络。

用法：

语法①

trainedNet = trainNetwork(imds, layers, options)。

输入：imds 为训练样本；layers 为定义的网络结构；options 为定义训练的配置参数。

输出：trainedNet 为训练后的网络。

语法②

trainedNet = trainNetwork(X, Y, layers, options)。

输入：X 为样本值；Y 为标签；layers 为定义的网络结构；options 为定义的训练配置参数。

输出：trainedNet 为训练后的网络。

对于构建好的卷积神经网络，可用如下程序进行训练：

```
net = trainNetwork(XTrain,YTrain,layers,options);
```

其中，XTrain 为训练样本值；YTrain 为训练标签；layers 为定义的网络结构；options 为定义的训练配置参数。

3.5 例程实现与解析

满足 3.2 节需求的程序代码如例程 3-1 所示，其运行效果如图 3-5 所示。

例程 3-1：构建并训练一个用于预测的卷积神经网络。

```
**********************************************
%%  程序说明
% 实例 EX3-1
% 功能:对输入图像中数字的倾斜角度进行预测,计算预测准确率和均方根误差(RMSE)
% 作者:zhaoxch_mail@ sina.com

%%  清除内存、清除屏幕
clear
clc

%%  步骤 1:加载和显示图像数据
[XTrain, ~ ,YTrain] = digitTrain4DArrayData;
[XValidation, ~ ,YValidation] = digitTest4DArrayData;

%  随机显示 20 幅训练图像
numTrainImages = numel(YTrain);
figure
idx = randperm(numTrainImages,20);
for i = 1:numel(idx)
    subplot(4,5,i)
    imshow(XTrain(:,:,:,idx(i)))
    drawnow
end

%%  步骤 2:构建卷积神经网络
layers =[
    imageInputLayer([28 28 1])

    convolution2dLayer(3,8,'Padding','same')
    batchNormalizationLayer
```

```matlab
    reluLayer
    averagePooling2dLayer(2,'Stride',2)

    convolution2dLayer(3,16,'Padding','same')
    batchNormalizationLayer
    reluLayer
    averagePooling2dLayer(2,'Stride',2)

    convolution2dLayer(3,32,'Padding','same')
    batchNormalizationLayer
    reluLayer

    dropoutLayer(0.2)
    fullyConnectedLayer(1)
    regressionLayer ];

%% 步骤 3:配置训练选项
miniBatchSize  = 128;
validationFrequency = floor(numel(YTrain)/miniBatchSize);
options = trainingOptions('sgdm', ...
    'MiniBatchSize',miniBatchSize, ...
    'MaxEpochs',30, ...
    'InitialLearnRate',0.001, ...
    'LearnRateSchedule','piecewise', ...
    'LearnRateDropFactor',0.1, ...
    'LearnRateDropPeriod',20, ...
    'Shuffle','every-epoch', ...
    'ValidationData',{XValidation,YValidation}, ...
    'ValidationFrequency',validationFrequency, ...
    'Plots','training-progress', ...
    'Verbose',true);

%% 步骤 4:训练网络
net = trainNetwork(XTrain,YTrain,layers,options);

%% 步骤 5:测试与评估
YPredicted = predict(net,XValidation);
predictionError = YValidation - YPredicted;
% 计算准确率
thr = 10;
numCorrect = sum(abs(predictionError) < thr);
numValidationImages = numel(YValidation);
Accuracy = numCorrect/numValidationImages
% 计算 RMSE 的值
squares = predictionError.^2;
RMSE = sqrt(mean(squares))
****************************************************************
```

例程 3-1 的训练过程如图 3-5 所示。由于在配置选项中，将' Verbose '设置为了 true，所以该网络的训练过程也在命令窗口中显示，如图 3-6 所示。

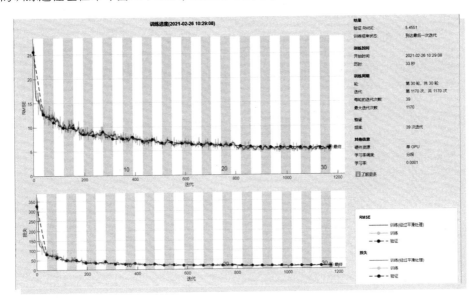

● 图 3-5 例程 3-1 的运行效果的可视化线型图

```
| =======================================================╕
|轮|迭代|经过的时间|小批量 2M3E|验证 2M3E|小批量损失|验证损失|基础学习率|
| (hh:mm:ss)||
| =======================================================╕
|1|1|00:00:06|25.91|25.57|335.7317|326.9157|0.0010|
|1|39|00:00:07|12.36|12.68|76.3722|80.3332|0.0010|
|2|50|00:00:07|12.32|75.9372||0.0010|
|2|78|00:00:08|12.72|11.03|80.9162|60.8694|0.0010|
|3|100|00:00:09|9.55|45.5985||0.0010|
|3|117|00:00:09|11.35|9.86|64.3646|48.6034|0.0010|
|4|150|00:00:10|11.64||67.7554||0.0010|
|4|156|00:00:10|10.10|9.82|50.9996|48.2598|0.0010|
|5|195|00:00:11|9.32|8.49|43.3927|36.0069|0.0010|
|6|200|00:00:11|8.00|31.9673||0.0010|
|6|234|00:00:12|9.12|8.29|41.5499|34.3494|0.0010|
|7|250|00:00:12|7.80|30.4582||0.0010|
|7|273|00:00:13|10.09|9.02|50.8899|40.7174|0.0010|
|8|300|00:00:13|7.58|28.7188||0.0010|
|8|312|00:00:14|8.41|7.51|35.3248|28.2065|0.0010|
|9|350|00:00:14|6.88|23.6504||0.0010|
|9|351|00:00:15|7.33|7.45|26.8873|27.7267|0.0010|
|10|390|00:00:16|6.84|7.87|23.4131|30.9843|0.0010|
|11|400|00:00:16|7.41|27.4599||0.0010|
```

```
|11|429|00:00:17|7.24|7.03|26.1789|24.6781|0.0010|
|12|450|00:00:17|6.32|11|19.9599||0.0010|
|12|468|00:00:17|8.22|7.34|33.7775|26.9691|0.0010|
|13|500|00:00:18|6.31|11|19.9312||0.0010|
|13|507|00:00:18|6.49|6.59|21.0324|21.6900|0.0010|
|14|546|00:00:19|6.58|6.70|21.6695|22.4643|0.0010|
|15|550|00:00:19|6.85||23.4791||0.0010|
|15|585|00:00:20|7.02|6.49|24.6079|21.0566|0.0010|
|16|600|00:00:20|6.17||19.0278||0.0010|
|16|624|00:00:21|6.47|6.29|20.9608|19.8117|0.0010|
|17|650|00:00:21|5.96||17.7749||0.0010|
|17|663|00:00:22|5.85|6.23|17.1327|19.3986|0.0010|
|18|700|00:00:22|6.15||18.8911||0.0010|
|18|702|00:00:23|6.21|6.31|19.2929|19.9333|0.0010|
|19|741|00:00:23|5.81|6.08|16.8863|18.4921|0.0010|
|20|750|00:00:24|5.70||16.2263||0.0010|
|20|780|00:00:24|5.79|6.07|16.7681|18.4369|0.0010|
|21|800|00:00:25|5.71||16.2773||0.0001|
|21|819|00:00:25|5.57|5.85|15.5024|17.1236|0.0001|
|22|850|00:00:26|6.65||22.1365||0.0001|
|22|858|00:00:26|5.28|5.74|13.9326|16.4566|0.0001|
|23|897|00:00:27|4.53|5.63|10.2624|15.8711|0.0001|
|24|900|00:00:27|5.03||12.6429||0.0001|
|24|936|00:00:28|5.35|5.59|14.2858|15.6101|0.0001|
|25|950|00:00:28|5.54||15.3675||0.0001|
|25|975|00:00:28|4.63|5.57|10.7344|15.5202|0.0001|
|26|1000|00:00:29|5.16||13.3130||0.0001|
|26|1014|00:00:29|5.34|5.56|14.2434|15.4664|0.0001|
|27|1050|00:00:30|4.90|11|11.9937||0.0001|
|27|1053|00:00:30|4.87|5.53|11.8385|15.2781|0.0001|
|28|1092|00:00:31|5.61|5.47|15.7414|14.9863|0.0001|
|29|1100|00:00:32|4.83|11|11.6877||0.0001|
|29|1131|00:00:32|5.39|5.49|14.5463|15.0661|0.0001|
|30|1150|00:00:33|5.43||14.7169||0.0001|
|30|1170|00:00:33|4.76|5.53|11.3127|15.2815|0.0001|
| ========================================================|

Accuracy =

    0.9390

RMSE =

  single

    5.4551
```

● 图 3-6 例程 3-1 的运行效果在命令窗口的显示

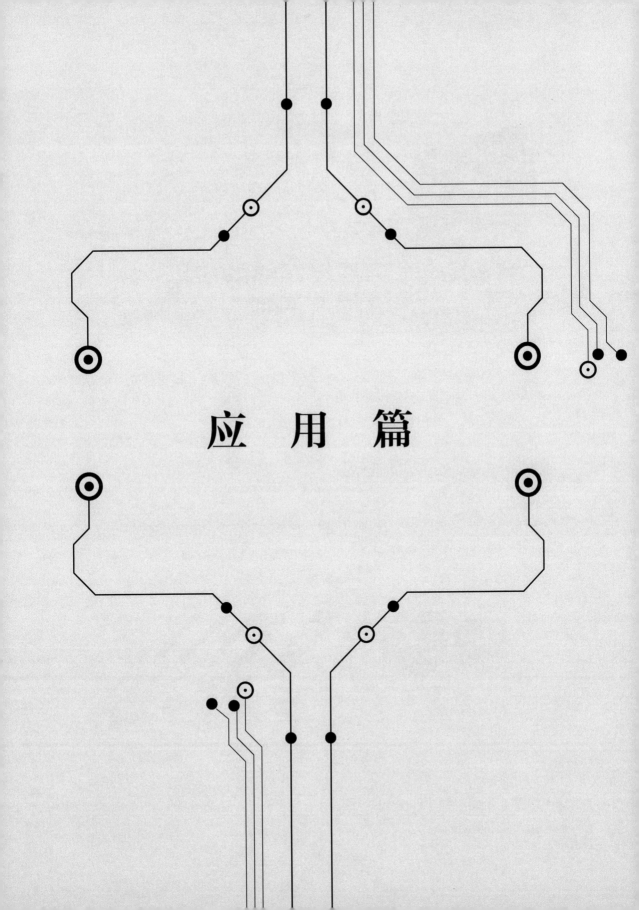

应 用 篇

案例4

▶▶▶▶▶▶▶

LeNet卷积神经网络的应用：红绿灯识别

交通灯识别在智能驾驶中起着重要的作用，传统的基于特征（如基于颜色、形状等）的方法容易受到光照、视角的影响以及相似物体的干扰，成功率不高。本章将介绍经典卷积神经网络——LeNet的结构，并基于LeNet来进行交通灯的识别。

4.1 LeNet 卷积神经网络

LeNet 卷积神经网络出自文章 *Gradient-Based Learning Applied to Document Recognition*。LeNet-5 卷积神经网络的结构如图 4-1 所示。

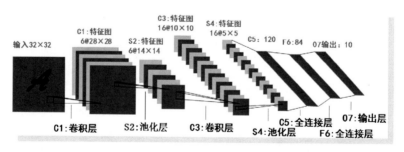

● 图 4-1　LeNet-5 卷积神经网络的结构

下面，我们就详细地对这个网络进行分析：

1. C1：卷积层

● 输入图片大小：32×32 像素。

● 输入图片通道数：1 个。

- 卷积核大小：5×5。
- 卷积核个数：6 个（每个卷积核中的参数都不相同）。
- 卷积的步长为 1，卷积的步长为 valid。
- 输出特征图的个数：6 个（与卷积核的个数相等）。
- 输出特征图的大小：28×28。
- 本层需要训练的参数：156 个（每个卷积核要训练的参数为 5×5 个，再加 1 个公共偏置参数，所以每个卷积核需要训练的参数为 26 个，一共有 6 个卷积核）。

2. S2：池化层

- 输入特征图：28×28 像素。
- 输入特征图通道数：6 个（与上一层输出的特征图的个数相等）。
- 池化的方法：平均池化。
- 每个池化区域大小：2×2。
- 输出特征图的个数：6 个（与输入特征图的个数相等）。
- 输出特征图的大小：14×14。
- 本层需要训练的参数：无。

3. C3：卷积层

- 输入特征图大小：14×14。
- 输入特征图通道数：6 个（与上一层输出的特征图的个数相等）。
- 卷积核大小：5×5。
- 卷积核个数：16 个（每个卷积核中的参数都不相同）。
- 卷积的步长为 1，卷积的步长为 valid。
- 输出特征图的个数：16 个（与卷积核的个数相等）。
- 输出特征图的大小：10×10。
- 本层需要训练的参数：1516 个。

在这里，需要强调的是 S2 层产生的 6 个特征图与 C3 层的 16 个卷积核之间的连接关系如图 4-2 所示，它们只是部分连接（图中的 X 表示连接），并不是全连接，这种连接关系能将连接的数量控制在一个比较合理的范围内。

4. S4：池化层

- 输入特征图：10×10。
- 池化的方法：平均池化。
- 每个池化区域大小：2×2。

	1	2	3	4	5	6	7	8	9	10	11	12	13	14	15	16
1	X				X	X	X			X	X	X	X			X
2	X	X				X	X	X			X	X	X	X		X
3	X	X	X				X	X	X			X		X	X	X
4		X	X	X			X	X	X	X			X		X	X
5			X	X	X			X	X	X	X		X	X		X
6				X	X	X			X	X	X	X		X	X	X

● 图 4-2　S2 层产生的 6 个特征图与 C3 层的 16 个卷积核之间的连接关系

- 输出特征图的个数：16 个（与输入特征图的个数相等）。

- 输出特征图的大小：5×5。

- 本层需要训练的参数：无。

5. C5：卷积层

- 输入特征图大小：5×5。

- 输入特征图通道数：16 个（与上一层输出的特征图的个数相等）。

- 卷积核大小：5×5。

- 卷积核个数：120 个（每个卷积核中的参数都不相同，每个卷积核中有 16 个子卷积核，与输入特征图的通道数相等）。

- 输出特征图的个数：120 个（与卷积核的个数相等）。

- 输出特征图的大小：1×1。

- 本层需要训练的参数：48120 个。

本层需要训练的参数计算过程如下。

由于输入特征图通道有 16 个，故每个卷积核中有 16 个子卷积核，每个子卷积核的大小为 5×5，所以每个卷积核需要确定的参数为 $5 \times 5 \times 16 + 1$，其中，1 为卷积核的公共偏置参数；而卷积核的个数为 120 个，故本层需要训练的参数为 $(5 \times 5 \times 16 + 1) \times 120 = 48120$。由于 C5 层卷积核的大小与输入的特征图大小相同，故本层也可以看作是全连接层。

6. F6：全连接层

- 输入：120 维向量。

- 节点数：84。

- 非线性激活函数：Sigmoid 函数。

- 本层需要训练的参数：10164 个（$84 \times (120 + 1) = 10164$）。

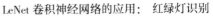

7. O7：输出层

也是全连接层，共有 10 个节点，分别代表数字 0 到 9，且如果节点 i 的值为 0，则网络识别的结果是数字 i。采用的是径向基函数（RBF）的网络连接方式。

4.2 基于改进 LeNet 的交通灯识别

【例 4-1】 基于 LeNet 的基本构架，设计一种卷积神经网络并对其进行训练，实现对输入的交通灯图像进行分类，计算分类准确率。

如图 4-3 所示，我们采用 LeNet 为基本构架来设计用于交通灯识别的卷积神经网络，需要将 LeNet 的网络输出分类根据数据集的分类进行改变。

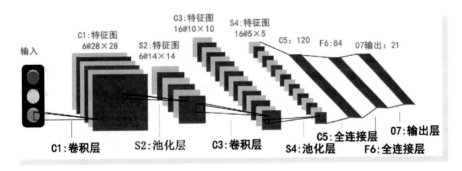

● 图 4-3 基于 LeNet 构架的交通灯分类示意图

改进后的网络结构见表 4-1。

表 4-1 改进后的网络结构

名　称	输　入	卷　积　核	步　长	输　出
输入层	像素：60×20 通道数：3	—	—	大小：60×20 通道数：3
卷积层 1	大小：60×20 通道数：3	大小：5×5 通道数：3 个数：6	1	大小：60×20 通道数：6
池化层 1	大小：60×20 通道数：6	—	2	大小：30×10 通道数：6
卷积层 2	大小：30×10 通道数：6	大小：5×5 通道数：6 个数：16	1	大小：30×10 通道数：16

（续）

名　　称	输　　入	卷　积　核	步　　长	输　　出
池化层 2	大小：30×10 通道数：16	—	2	大小：15×5 通道数：16
卷积层 3	大小：15×5 通道数：16	大小：5×5 通道数：16 个数：120	—	大小：15×5 通道数：120
全连接层 1	$15 \times 5 \times 120$	—	—	84
全连接层 2	84			21（注：数据集的分类数）
Softmax 层	21			21
分类输出层	21	—		1

表 4-1 所列的网络结构的实现程序如下。

```
LeNet =[ imageInputLayer([60 20 3],'Name','input')
  convolution2dLayer([5 5],6,'Padding','same','Name','Conv1')
  maxPooling2dLayer(2,'Stride',2,'Name','Pool1')
  convolution2dLayer([5 5],16,'Padding','same','Name','Conv2')
  maxPooling2dLayer(2,'Stride',2,'Name','Pool2')
  convolution2dLayer([5 5],120,'Padding','same','Name','Conv3')
  fullyConnectedLayer(84,'Name','fc1')
  fullyConnectedLayer(numClasses,'Name','fc2')
  softmaxLayer('Name','softmax')
  classificationLayer('Name','output') ];
```

本节中所采用的数据集见本书附赠网盘资料中的文件夹 Traffic Light Samples。该数据集中的部分图像如图 4-4 所示。

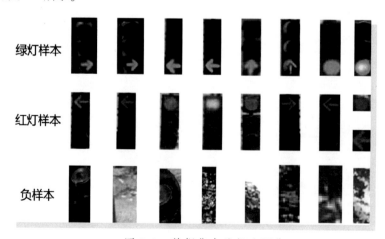

● 图 4-4　数据集中的部分图像

该样本中有 21 个分类，每一个分类都有自己的标签。分类标签由字母数字及下画线组成。具体含义：G 代表绿灯，R 代表红灯，AF 代表向前箭头，AL 代表向左箭头，AR 代表向右箭头，C 代表圆形，数字代表灯的个数，N 代表负样本（不是交通灯）。如图 4-5 所示的图像的分类标签为 RC_3，如图 4-6 所示的图像的分类标签为 GAL_3。

● 图 4-5　分类标签为 RC_3 的图像　　　● 图 4-6　分类标签为 GAL_3 的图像

将名为 Traffic Light Samples 的文件夹复制到图像数据集在 C 盘的 \ Documents \ MATLAB 下（MATLAB 安装在不同的盘里，路径可能不同。笔者安装后的路径为 C：\ Users \ zhaox \ Documents \ MATLAB），通过如下程序段进行加载。

```
imds = imageDatastore('Traffic Light Samples',...
'IncludeSubfolders',true,'LabelSource','foldernames');
```

实现本节实例需求主要包括以下几个步骤。

步骤 1：加载交通灯数据样本。

步骤 2：将样本划分为训练集与测试集。

步骤 3：构建改进的 LeNet 卷积神经网络并进行分析。

步骤 4：将训练集与验证集中图像的大小调整为与所设计的网络输入层的大小相同。

步骤 5：配置训练选项并对网络进行训练。

步骤 6：将训练好的网络用于对新的输入图像进行分类，并计算准确率。

步骤 7：显示验证效果。

步骤 8：创建并显示混淆矩阵。

4.3　例程实现与解析

上述步骤可以通过例程 4-1 来实现。读者可以结合程序的注释以及本书第 4 章的相关内容进行理解。例程 4-1 的运行效果如图 4-7 ～ 图 4-9 所示。

例程 4-1：基于 LeNet 来识别交通灯。

```
******************************************************************
%%  程序说明
% 功能:对输入的交通灯图像进行分类
% 作者:zhaoxch_mail@sina.com
% 注:请将本书附赠资源中的 Traffic Light Samples 文件夹复制到 MATLAB 文件下

%% 清除内存、清除屏幕
clear
clc

%% 步骤 1:加载交通灯数据样本
imds = imageDatastore('Traffic Light Samples', ...
    'IncludeSubfolders',true, ...
'LabelSource','foldernames');

%% 步骤 2:将样本划分为训练集与测试集,并随机显示训练集中的图像
[imdsTrain,imdsValidation] = splitEachLabel(imds,0.7);

% 统计训练集中分类标签的数量
numClasses = numel(categories(imdsTrain.Labels));

% 随机显示训练集中的部分图像
numTrainImages = numel(imdsTrain.Labels);
idx = randperm(numTrainImages,16);
figure
for i = 1:16
    subplot(4,4,i)
    I = readimage(imdsTrain,idx(i));
    imshow(I)
end

%% 步骤 3:构建改进的 LeNet 卷积神经网络并进行分析
% 构建改进 LeNet 卷积神经网络
LeNet =[imageInputLayer([60 20 3],'Name','input')
  convolution2dLayer([5 5],6,'Padding','same','Name','Conv1')
  maxPooling2dLayer(2,'Stride',2,'Name','Pool1')
  convolution2dLayer([5 5],16,'Padding','same','Name','Conv2')
  maxPooling2dLayer(2,'Stride',2,'Name','Pool2')
  convolution2dLayer([5 5],120,'Padding','same','Name','Conv3')
  fullyConnectedLayer(84,'Name','fc1')
  fullyConnectedLayer(numClasses,'Name','fc2')
  softmaxLayer('Name','softmax')
  classificationLayer('Name','output') ];
```

```
% 对构建的网络进行可视化分析
lgraph = layerGraph(LeNet);
analyzeNetwork(lgraph)

%% 步骤4:将训练集与验证集中图像的大小调整成为与所设计的网络输入层的大小相同
inputSize =[60 20 3];
% 将训练图像的大小调整为与输入层的大小相同
augimdsTrain = augmentedImageDatastore(inputSize(1:2),imdsTrain);
% 将验证图像的大小调整为与输入层的大小相同
augimdsValidation = augmentedImageDatastore(inputSize(1:2),imdsValidation);

%% 步骤5:配置训练选项并对网络进行训练
% 配置训练选项
options = trainingOptions('sgdm', ...
    'InitialLearnRate',0.001, ...      % 体会初始学习率为0.01以及0.0001
    'MaxEpochs',3, ...                 % 可以对最大轮数进行设置,体会对准确率的影响
    'Shuffle','every-epoch', ...
    'ValidationData',augimdsValidation, ...
    'ValidationFrequency',30, ...
    'Verbose',true, ...
    'Plots','training-progress');

% 对网络进行训练
net = trainNetwork(augimdsTrain,LeNet,options);

%% 步骤6:将训练好的网络用于对新的输入图像进行分类,并计算准确率
YPred = classify(net,augimdsValidation);
  YValidation = imdsValidation.Labels;
  accuracy = sum(YPred == YValidation)/numel(YValidation)

%% 步骤7:显示验证效果
idx = randperm(numel(imdsValidation.Files),4);
figure
for i = 1:4
    subplot(2,2,i)
    I = readimage(imdsValidation,idx(i));
    imshow(I)
    label = YPred(idx(i));
    title(string(label));
end

%% 步骤8:创建并显示混淆矩阵
figure
confusionchart(YValidation,YPred)
***********************************************************
```

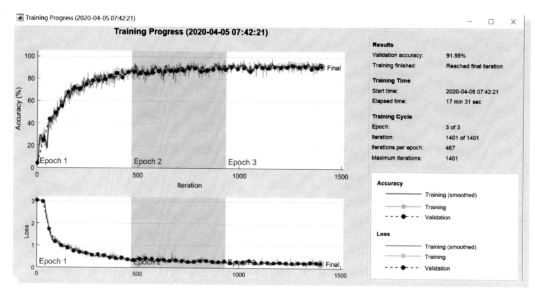

● 图 4-7　网络训练的过程

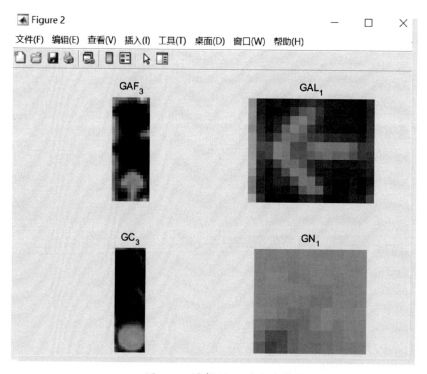

● 图 4-8　随机显示测试的效果

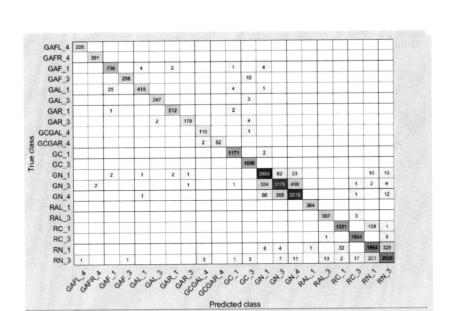

● 图 4-9　混淆矩阵

　　由于我们在配置选项中，将' Verbose '设置为了 true，所以该网络的训练和验证过程也在命令窗口中显示，如图 4-10 所示。

Epoch Rate	Iteration	Time Elapsed (hh:mm:ss)	Mini-batch Accuracy	Validation Accuracy	Mini-batch Loss	Validation Loss	Base Learning
1	1	00:00:21	7.81%	4.22%	3.0434	3.0434	0.0010
1	30	00:00:50	27.34%	24.84%	2.9917	2.9821	0.0010
1	50	00:00:54	31.25%		2.4262		0.0010
1	60	00:01:16	42.19%	43.69%	1.6757	1.7477	0.0010
1	90	00:01:39	50.00%	49.13%	1.1969	1.1690	0.0010
1	100	00:01:41	45.31%		1.3262		0.0010
1	120	00:02:00	56.25%	55.40%	1.0474	0.9887	0.0010
1	150	00:02:29	71.09%	67.71%	0.9436	0.8979	0.0010
1	180	00:02:49	71.88%	72.21%	0.7619	0.7490	0.0010
1	200	00:02:53	72.66%		0.6120		0.0010
1	210	00:03:10	68.75%	71.34%	0.8437	0.6918	0.0010

1	240	00:03:31	78.13%	75.11%	0.6321	0.6572	0.0010
1	250	00:03:33	77.34%		0.6102		0.0010
1	270	00:03:51	74.22%	78.45%	0.5568	0.5738	0.0010
1	300	00:04:10	82.03%	78.21%	0.5187	0.5970	0.0010
1	330	00:04:30	79.69%	79.63%	0.6066	0.5501	0.0010
1	350	00:04:34	81.25%		0.4331		0.0010
1	360	00:04:58	78.91%	82.51%	0.5205	0.4559	0.0010
1	390	00:05:22	82.03%	85.20%	0.4436	0.4258	0.0010
1	400	00:05:24	85.16%		0.4659		0.0010
1	420	00:05:44	84.38%	81.29%	0.4423	0.4566	0.0010
1	450	00:06:06	85.94%	86.02%	0.4426	0.3777	0.0010
2	480	00:06:27	92.19%	86.21%	0.2740	0.3452	0.0010
2	500	00:06:31	83.59%		0.5579		0.0010
2	510	00:06:48	87.50%	84.79%	0.3393	0.4049	0.0010
2	540	00:07:08	84.38%	84.78%	0.3246	0.4173	0.0010
2	550	00:07:10	82.81%		0.4454		0.0010
2	570	00:07:30	87.50%	85.56%	0.3448	0.4088	0.0010
2	600	00:07:50	82.81%	86.91%	0.4438	0.3536	0.0010
2	630	00:08:12	91.41%	86.66%	0.2421	0.3640	0.0010
2	650	00:08:16	85.94%		0.3146		0.0010
2	660	00:08:35	87.50%	87.25%	0.3003	0.3235	0.0010
2	690	00:08:56	85.16%	87.28%	0.5747	0.3444	0.0010
2	700	00:08:57	89.06%		0.4063		0.0010
2	720	00:09:16	87.50%	87.96%	0.3510	0.3147	0.0010
2	750	00:09:37	92.19%	89.68%	0.2726	0.2794	0.0010
2	780	00:09:59	89.06%	89.63%	0.3025	0.2875	0.0010
2	800	00:10:02	86.72%		0.3849		0.0010
2	810	00:10:22	89.84%	86.72%	0.2550	0.3263	0.0010
2	840	00:10:45	89.06%	88.26%	0.2977	0.3274	0.0010
2	850	00:10:47	86.72%		0.3011		0.0010
2	870	00:11:06	88.28%	88.88%	0.2289	0.2891	0.0010
2	900	00:11:33	85.16%	89.61%	0.3398	0.2763	0.0010

2	930	00:11:55	91.41%	88.78%	0.2194	0.3144	0.0010
3	950	00:11:59	92.97%		0.2410		0.0010
3	960	00:12:19	91.41%	91.15%	0.2790	0.2444	0.0010
3	990	00:12:40	92.19%	89.31%	0.2748	0.2857	0.0010
3	1000	00:12:42	91.41%		0.2427		0.0010
3	1020	00:13:01	92.19%	90.12%	0.1944	0.2831	0.0010
3	1050	00:13:22	91.41%	87.02%	0.2794	0.3399	0.0010
3	1080	00:13:44	92.19%	91.44%	0.1798	0.2448	0.0010
3	1100	00:13:48	90.63%		0.2801		0.0010
3	1110	00:14:06	93.75%	90.49%	0.1786	0.2634	0.0010
3	1140	00:14:26	94.53%	90.20%	0.1955	0.2602	0.0010
3	1150	00:14:28	94.53%		0.1498		0.0010
3	1170	00:14:46	93.75%	91.14%	0.1785	0.2416	0.0010
3	1200	00:15:07	92.97%	90.81%	0.2454	0.2567	0.0010
3	1230	00:15:28	90.63%	90.95%	0.2325	0.2408	0.0010
3	1250	00:15:32	91.41%		0.2481		0.0010
3	1260	00:15:49	92.19%	92.22%	0.1924	0.2237	0.0010
3	1290	00:16:08	89.84%	91.37%	0.2334	0.2445	0.0010
3	1300	00:16:10	92.97%		0.2195		0.0010
3	1320	00:16:28	92.19%	91.48%	0.2337	0.2311	0.0010
3	1350	00:16:48	90.63%	89.37%	0.2031	0.2621	0.0010
3	1380	00:17:11	88.28%	90.51%	0.2234	0.2449	0.0010
3	1400	00:17:15	93.75%		0.1551		0.0010
3	1401	00:17:31	92.97%	91.55%	0.1967	0.2318	0.0010

● 图 4-10　例程 EX4-1 的运行效果在命令窗口的显示

案例5

▶▶▶▶▶▶▶

AlexNet卷积神经网络的应用：基于迁移学习的图像分类

在实际工程应用中，构建并训练一个大规模的卷积神经网络是比较复杂的，需要大量的数据以及高性能的硬件。那么是不是可以"另辟蹊径"，将训练好的典型的网络稍加改进，用少量的数据进行训练并加以应用呢？这便是本章所要介绍的"迁移学习"。本节主要介绍迁移学习的原理、实现步骤、AlexNet 的基本结构，并基于迁移学习的原理对 AlexNet 进行改进，实现对图像的分类。

5.1 什么是迁移学习

在我们的生活中，有很多"举一反三""触类旁通"的例子，比如学会了骑自行车就很容易会骑摩托车，学会了用 C 语言编程就很容易学会用 MATLAB 语言编程，这都与"迁移学习"有异曲同工之妙。

迁移学习（Transfer Learning）是一种机器学习方法，它把一个领域（即源领域）的知识，迁移到另外一个领域（即目标领域），使得目标领域能够取得更好的学习效果。

在机器学习领域，迁移学习有很多种。本节主要研究基于共享参数的迁移学习。基于共享参数的迁移学习研究的是如何找到源数据和目标数据的空间模型之间的共同参数或者先验分布，从而可以通过进一步处理，达到知识迁移的目的。该种迁移学习的前提是学习任务中的每个相关模型会共享一些相同的参数，或者先验分布。也就是说，并非所有的"迁移"都是有用的，要让"迁移"发挥作用，学习任务之间至少需要相互关联。

本节所研究的"采用迁移学习进行物体识别"是以经典的深度卷积神经网络为基础，通过修改一个已经经过完整训练的深度卷积神经网络模型的最后几层连接层，再使用针对特定问题而建立的小数据集进行训练，以使其能够适用于一个新问题，如图 5-1 所示。

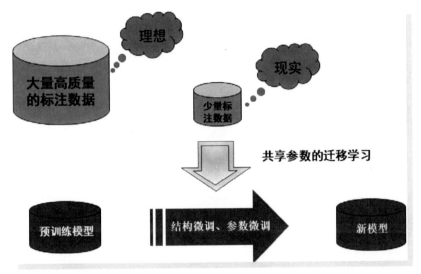

● 图 5-1　共享参数的迁移学习示意图

5.2　从不同的角度看迁移学习

在我们的生活中，很多时候都会用到迁移学习。比如，在汉字的学习过程中，我们记住了"老"字，那么在学"孝"字的时候就简单得多，因为把"老"字下面的"匕"换成"子"，就变成了"孝"；再比如说，在"帅"字上加一横，就变成了"师"字，因此，学会写"帅"字之后，也很容易学会写"师"字（见图 5-2）。

从心理学角度上讲，对某一项技能的学习能够对其他技能产生积极影响——这种效应即为迁移学习。因此，生活中的很多"触类旁通"的现象都可以用这一效应来解释。迁移学习不仅存在于人类智能，对人工智能同样如此。如今，迁移学习已成为人工智能领域的热点之一，具有广泛的应用前景。

下面，我们从卷积神经网络的结构及其仿生学原理进一步理解"迁移学习"。我们知道卷积神经网络在进行物体识别的过程中可以自动提取特征并根据特征进行分类。假设我们通过大量样本的训练，已经使某一卷积神经网络具有识别汽车的能力，这个模型很可能已经能够"认知"轮子等特征，在此基础上，只需要对该网络进行微调并采用少量样本的自行车训练，便能够使这个网络在短时间内具备识别自行车的能力。从仿生学的角度来看，卷积神经网络是一种模仿大脑的可视皮层工作原理的深度神经网络；卷积神经网络提取的特征是一层层抽象的，越是底层的特征越基本——底层的卷积层"学习"到角点、边缘、颜色、纹理等共性特征，越往高层越抽象、越复杂，到了顶层附近，学习到的特征就可以大概描述一个物体了，这样的抽象特征，我们称之为语义特征。在一些任务中，可用于训练的数据样本很少，如果从头训练一个卷积神经网络模型，效果不是很好。在这种情况下，就可以利用别人已经训练好的卷积神经网络模型，然后尝试改变该模型语义层的参数即可，如图 5-3 所示。

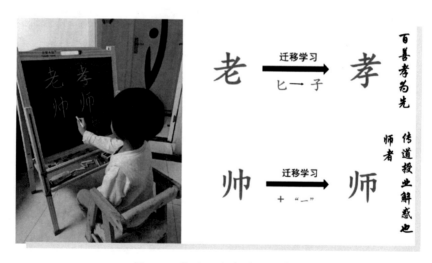

● 图 5-2　学习汉字中的迁移学习实例

从统计学的角度看，即使不同的数据，也有一部分共性。如果把卷积神经网络的学习过程粗略地分成两部分，那么第一部分重点关注共性特征，第二部分才是具体任务。从这个角度看，很多数据或任务都是相关的，只要能先学习到这些任务或数据之间的共性，然后再泛化到每一个具体任务就简单了很多。所以，很多时候，迁移学习也常和多任务学习一起提到。

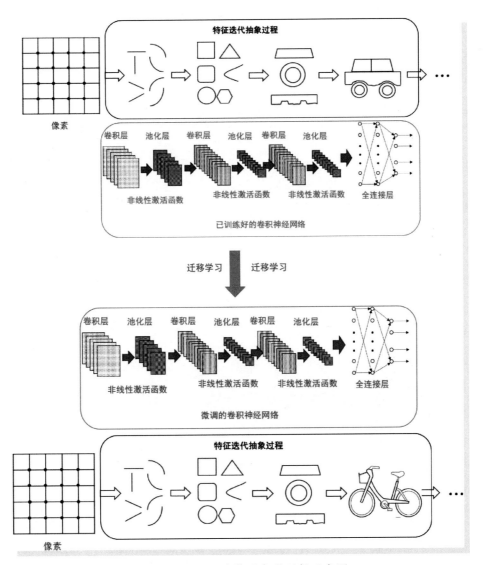

● 图 5-3　迁移学习直观理解示意图

5.3　AlexNet 网络的原理

　　2012 年的 Image Net 挑战赛是具有里程碑意义的。Alex Krizhevsky 和他多伦多大学的同事在该项比赛中首次使用深度卷积网络，将图片分类的错误率一举降低了 10 个百分点，正确率达到 84.7% 。自此以后，Image Net 挑战赛变成为卷积神经网络比拼的舞台，各种改进型的卷积神经网络如雨后春笋、层出不穷。2015 年，微软研究院的团队将错误率降低到了 4.9% ，首次超过了人类。到了 2017 年，Image Net 挑战赛的冠军团队将图像分类错误率降低到了 2.3% ，这也是 Image Net 挑战赛举办的最后一年，因为卷积神经网络已经将图像分类问题解决得很好了。

近年来，卷积神经网络之所以展现出强势的发展势头，是因为它可以自主地提取输入信息的"有效特征"，并且进行层层递进抽象。卷积神经网络之所以能够提取输入信息的"有效特征"，是因为其包括多个卷积层。图 5-4 展示了获得 2012 年 Image Net 挑战赛冠军的 AlexNet，这个神经网络的主体部分由五个卷积层和三个全连接层组成，该网络的第一层以图像为输入，通过卷积及其他特定形式的运算从图像中提取特征，接下来每一层以前一层提取出的特征作为输入并进行卷积及其他特定形式的运算，便可以得到更高级一些的特征。经过多层的变换之后，深度网络就可以将原始图像转换成高层次的抽象特征。

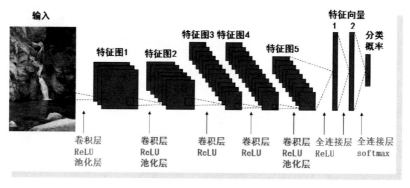

● 图 5-4　AlexNet 网络示意图

AlexNet 的模型主要由卷积层、池化层（下采样层）和全连接层组成，并引入了一些被后来广泛应用的特性和技巧，比如，使用卷积层和池化层的组合来提取图像的特征，使用 ReLU 作为激活函数，使用 Dropout 抑制过拟合，使用数据扩充（Data Augmentation）抑制过拟合等。

AlexNet 网络主要包含 1 个输入层，1 个输出层，5 个卷积层，3 个下采样层，2 个全连接层。各层的结构和输入输出见表 5-1。其中，从输入层到卷积层 1 开始，之后的每一层都被分为 2 个相同的结构进行计算，这是因为 AlexNet 中将计算平均分配到了 2 块 GPU 卡上进行。

表 5-1   AlexNet 网络结构及参数

名　　称	输　　入	卷　积　核	步　　长	输　　出
输入层	$227 \times 227 \times 3$	—	—	$227 \times 227 \times 3$
卷积层 1	$227 \times 227 \times 3$	$3 \times 11 \times 11 \times 48 \times 2$	4	$55 \times 55 \times 96$
池化层 1	$55 \times 55 \times 96$	—	2	$27 \times 27 \times 96$
卷积层 2	$27 \times 27 \times 96$	$96 \times 5 \times 5 \times 128 \times 2$	1	$27 \times 27 \times 256$
池化层 2	$27 \times 27 \times 256$	—	2	$13 \times 13 \times 256$
卷积层 3	$13 \times 13 \times 256$	$256 \times 3 \times 3 \times 384$	1	$27 \times 27 \times 128$
卷积层 4	$13 \times 13 \times 384$	$3 \times 3 \times 192 \times 2$	1	$13 \times 13 \times 384$
卷积层 5	$13 \times 13 \times 384$	$3 \times 3 \times 192 \times 2$	1	$13 \times 13 \times 384$
池化层 5	$13 \times 13 \times 384$	—	2	$6 \times 6 \times 256$
全连接层 6	9216 ($6 \times 6 \times 256$)	—	—	4096
全连接层 7	4096 (2048×2)	—	—	4096
全连接层 8	4096 (2048×2)	—	—	1000
输出层	1000	—	—	1000

5.4   基于 AlexNet 实现迁移学习的步骤

基于 AlexNet 实现迁移学习主要通过 6 个步骤来实现，具体如下所述。其示意图如图 5-5 所示。

步骤 1：加载图像数据，并将其划分为训练集和验证集。

步骤 2：加载预训练好的网络（AlexNet）。

步骤 3：对网络结构进行改进。

步骤 4：调整数据集。

步骤 5：训练网络。

步骤 6：进行验证并显示效果（若未达到精度要求，则返回步骤 5）。

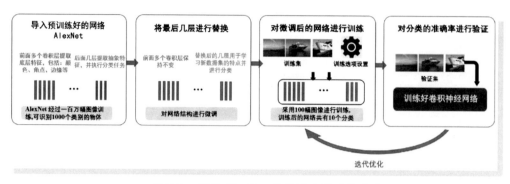

● 图 5-5　基于 AlexNet 实现迁移学习的步骤

5.5　AlexNet 的加载方法

　　MATLAB 的深度学习工具箱中提供了一些预训练好的深度神经网络模型，我们可以方便地下载、安装和加载这些预训练模型。以安装 AlexNet 为例，直接在命令行窗口输入 "alexnet"，如果从未安装过 AlexNet 的支持包，则该函数会报错，并在显示的 Add-On Explorer 中提供指向所需支持包的链接。单击 Add-On Explorer 链接，然后单击 "安装"，就可以下载并安装深度学习工具箱模型中用于 AlexNet 网络的支持包了。安装完成后，通过在命令行输入 "alexnet" 来检查安装是否成功。

　　例如，可以通过下列语法来把一个预训练好的 alexnet 网络模型保存到 net 中。

```
net = alexnet
```

对于其他网络，同样可以通过输入对应语句来安装和调用预训练好的模型。

5.6　如何对 AlexNet 进行改进以实现迁移学习

　　预训练好的 AlexNet 网络的最后三层原本用于对 1000 个类别的物体进行识别，所以针对新的分类问题，必须调整这三层。首先从预训练网络中取出除了最后这三层之外的所有层，然后用一个全连接层、一个 Softmax 层和一个分类层替换最后三个层，以此将原来训练好的网络层迁移到新的分类任务上。根据新数据设定新的全连接层的参数，将全连接层的分类数设置为与新数据中的分类数相同。

　　由于 AlexNet 需要输入的图像大小为 $227 \times 227 \times 3$，这与训练数据的图像大小和验证数据的图像大小不同，因此，还需要对训练数据的图像大小以及验证数据的图像大小不同进行批量调整。

5.7 本节所用到的函数解析

1. augmentedImageDatastore 函数

功能：批量调整图像数据。

用法：augimds = augmentedImageDatastore（[m n]，imds）。

输入：[m n] 表示将输入图像调整到的 m × n 像素的图像；Imds 表示待批量调整的图像。

输出：augimds 表示批量调整后的图像。

例如，augimdsTrain = augmentedImageDatastore（[227 227]，imdsTrain），该函数语句实现了将输入的批量图像 imdsTrain 修改为像素大小是 [227 227] 的图像。

2. confusionchart 函数

功能：创建混淆矩阵，如图 5-6 所示。

用法：cm = confusionchart（trueLabels，predictedLabels）。

输入：trueLabels 表示真实类别；predictLabels 表示预测类别。

输出：cm 表示混淆矩阵。

例如，confusionchart（YValidation，YPred），该函数语句实现了基于验证数据的真实类别和预测的类别创建一个混淆矩阵。混淆矩阵的行对应于真实类，列对应于预测类；对角线对应于正确分类的个数，非对角线对应于错误分类的个数。

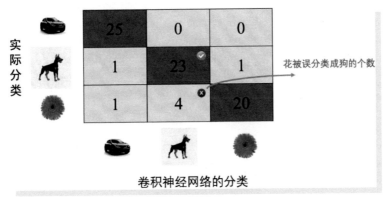

• 图 5-6 混淆矩阵示意图

5.8 例程实现与解析

例程 5-1 是基于共享参数的迁移学习原理，对 AlexNet 进行改进，并用样本数据进行训练，实现对输入图像的识别，其运行效果如图 5-7 和图 5-8 所示，网络的训练及验证过程如图 5-9所示。请读者结合注释仔细理解。

例程 5-1：基于迁移学习的图像分类。

```
***********************************************************************
%%    程序说明

% 实例 5-1
% 功能:基于共享参数的迁移学习的原理,对 AlexNet 进行改进,并用样本数据进行训练,实现对输入图像的识别
% 作者:zhaoxch_mail@ sina.com

%% 步骤 1:加载图像数据,并将其划分为训练集和验证集

% 加载图像数据
unzip('MerchData.zip');
imds = imageDatastore('MerchData', ...
    'IncludeSubfolders',true, ...
    'LabelSource','foldernames');

% 划分验证集和训练集
[imdsTrain,imdsValidation] = splitEachLabel(imds,0.7,'randomized');

% 随机显示训练集中的部分图像
numTrainImages = numel(imdsTrain.Labels);
idx = randperm(numTrainImages,16);
figure
for i = 1:16
    subplot(4,4,i)
    I = readimage(imdsTrain,idx(i));
    imshow(I)
end

%% 步骤 2:加载预训练好的网络

% 加载 alexnet 网络(注:该网络需要提前下载,当输入下面命令时按要求下载即可)
net = alexnet;

%% 步骤 3:对网络结构进行改进
```

```matlab
% 保留 AlexNet 倒数第三层之前的网络
layersTransfer = net.Layers(1:end-3);

% 确定训练数据中需要分类的种类
numClasses = numel(categories(imdsTrain.Labels));

% 构建新的网络,保留 AlexNet 倒数第三层之前的网络,在此之后重新添加了全连接
layers =[
    layersTransfer                      % 保留 AlexNet 倒数第三层之前的网络
    fullyConnectedLayer(numClasses)  % 将新的全连接层的输出设置为训练数据中的种类
    softmaxLayer                        % 添加新的 Softmax 层
    classificationLayer ];              % 添加新的分类层
```

```matlab
%% 调整数据集

% 查看网络输入层的大小和通道数
inputSize = net.Layers(1).InputSize;

% 将批量训练图像的大小调整为与输入层的大小相同
augimdsTrain = augmentedImageDatastore(inputSize(1:2),imdsTrain);
% 将批量验证图像的大小调整为与输入层的大小相同
augimdsValidation = augmentedImageDatastore(inputSize(1:2),imdsValidation);
```

```matlab
%% 对网络进行训练

% 对训练参数进行设置
options = trainingOptions('sgdm', ...
    'MiniBatchSize',15, ...
    'MaxEpochs',10, ...
    'InitialLearnRate',0.00005, ...
    'Shuffle','every-epoch', ...
    'ValidationData',augimdsValidation, ...
    'ValidationFrequency',3, ...
    'Verbose',true, ...
'Plots','training-progress');

% 用训练图像对网络进行训练
    netTransfer = trainNetwork(augimdsTrain,layers,options);
```

```matlab
%% 验证并显示结果

% 对训练好的网络采用验证数据集进行验证
[YPred,scores]= classify(netTransfer,augimdsValidation);
```

```
%随机显示验证效果
idx = randperm(numel(imdsValidation.Files),4);
figure
for i = 1:4
    subplot(2,2,i);
    I = readimage(imdsValidation,idx(i));
    imshow(I)
    label = YPred(idx(i));
    title(string(label));
end

%% 计算分类准确率
YValidation = imdsValidation.Labels;
accuracy = mean(YPred == YValidation)

%% 创建并显示混淆矩阵
figure
confusionchart(YValidation,YPred)
**************************************************************************
```

MathWorks Cube

MathWorks Torch

MathWorks Screwdriver

MathWorks Playing Cards

● 图 5-7　随机显示验证效果

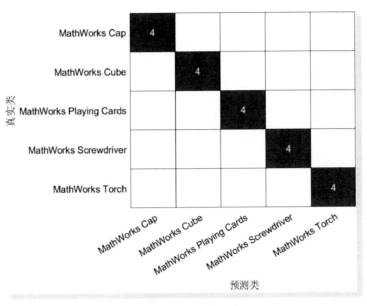

● 图 5-8　混淆矩阵图

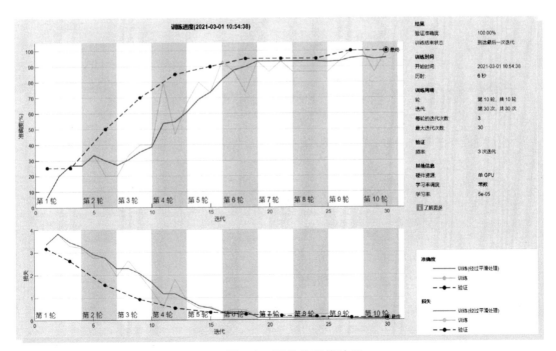

● 图 5-9　网络的训练过程

由于在配置选项中，将' Verbose '设置为了 true，所以该网络的训练和验证过程也在命令窗口中显示，如图 5-10 所示。

```
| ========================================================== |
| 轮 | 迭代 | 经过的时间  | 小批量准确度 | 验证准确度 | 小批量损失 | 验证损失 | 基础学习率 |
|    |      | (hh:mm:ss) |           |          |          |         |          |
| ========================================================== |
|1|1|00:00:03|6.67%|25.00%|3.3537|3.1627|5.0000e-05|
|1|3|00:00:04|26.67%|25.00%|3.2817|2.6224|5.0000e-05|
|2|6|00:00:04|20.00%|50.00%|2.7770|1.5602|5.0000e-05|
|3|9|00:00:05|40.00%|70.00%|2.0076|0.9243|5.0000e-05|
|4|12|00:00:05|46.67%|85.00%|1.8049|0.5363|5.0000e-05|
|5|15|00:00:05|73.33%|90.00%|0.5862|0.3462|5.0000e-05|
|6|18|00:00:05|73.33%|95.00%|0.4326|0.2492|5.0000e-05|
|7|21|00:00:05|93.33%|95.00%|0.2364|0.1903|5.0000e-05|
|8|24|00:00:06|86.67%|95.00%|0.2555|0.1470|5.0000e-05|
|9|27|00:00:06|100.00%|100.00%|0.0105|0.1153|5.0000e-05|
|10|30|00:00:06|100.00%|100.00%|0.0315|0.0977|5.0000e-05|
| ========================================================== |
accuracy =

    1
```

● 图 5-10　例程 5-1 的运行效果在命令窗口的显示

5.9　采用 Deep Network Designer 辅助实现迁移学习

本小节将重点讲解如何采用 Deep Network Designer 辅助实现迁移学习。本节采用步骤指引式的讲解方式，读者朋友可以按照文中的步骤进行操作，在操作中学习、体会。

步骤 1：加载预训练网络。

加载一个预训练的 AlexNet 网络。在 MATLAB 的命令窗口输入如下代码。

```
net = alexnet;
```

步骤 2：将网络导入 Deep Network Designer。

在命令行窗口中输入以下命令打开 Deep Network Designer。在 MATLAB 的命令窗口输入如下代码。

```
deepNetworkDesigner
```

注：步骤 2 也可以通过单击相应的 App 进入，如图 5-11 所示。

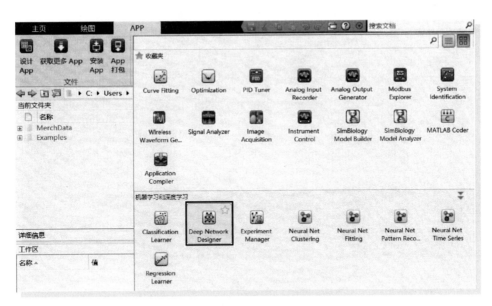

● 图 5-11　通过单击相应的 App 进入

进入 Deep Network Designer 的界面如图 5-12 所示。

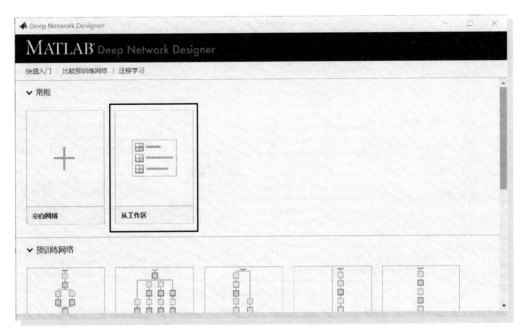

● 图 5-12　进入 Deep Network Designer 界面后

单击"从工作区"导入刚刚加载的网络，如图 5-13 所示，单击 OK 按钮。

● 图 5-13 通过 Import 按钮导入网络

可以看到整个网络结构以可视化的形式呈现在设计区中，每个彩色矩形块代表一层，右侧显示网络属性，如图 5-14 所示。

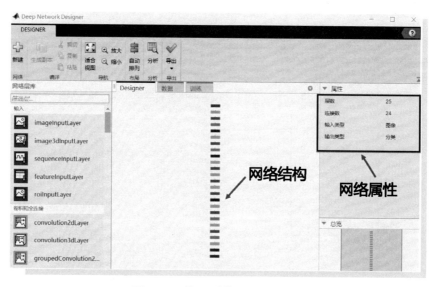

● 图 5-14 导入网络之后的界面显示图

单击矩形块可以在右边属性栏中编辑参数，按〈Ctrl + 鼠标滚轮〉可以放大或缩小矩形块，放大后可以看到每一层更加细节的描述。如单击第一个卷积层，并将其放大，右侧便显示出该层的属性及参数，如图 5-15 所示。

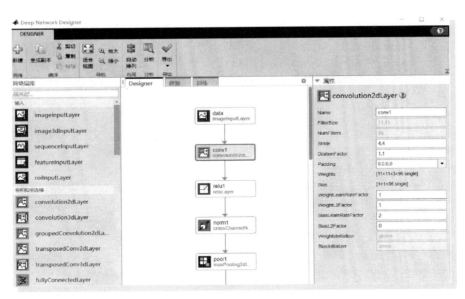

● 图 5-15　单击第一个卷积层并将其放大的界面效果示意图

步骤 3：调整网络结构。

预训练好的 AlexNet 网络的最后三层原本用于对 1000 个类别的物体进行识别，所以针对新的分类问题，必须调整这三层。

同时选中最后三层，将其删除，如图 5-16 所示。

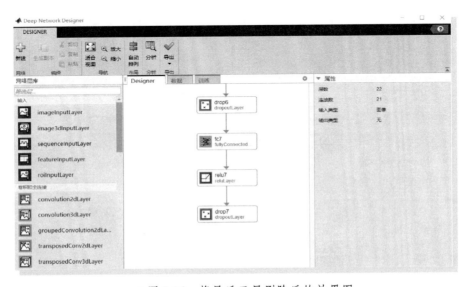

● 图 5-16　将最后三层删除后的效果图

从左侧的层面板中拖拽一个新的全连接层（ FullyConnecte... ）到设计区中，然后将 Output-Size 设为新数据集的类别数（在本例中，将其设置为 5），如图 5-17 所示。

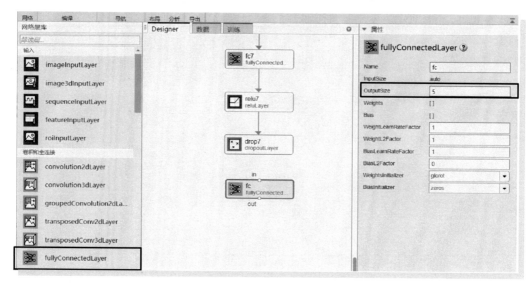

● 图 5-17　添加一个新全连接层

之后再添加一个新的 Softmax 层，如图 5-18 所示。

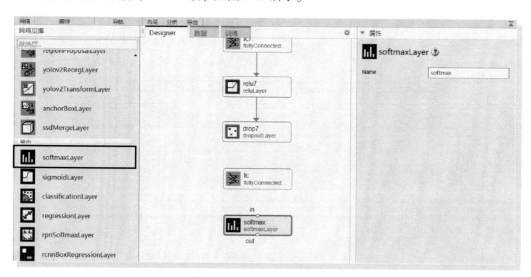

● 图 5-18　添加一个新 Softmax 层

从左侧的层面板中拖拽一个新的分类输出层（ Classification... ）到设计区中，如图 5-19 所示。

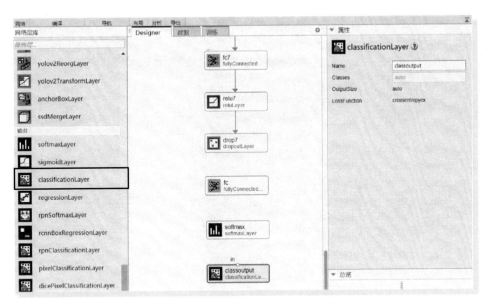

● 图 5-19　添加一个新分类层

顺序连接各新加的层，如图 5-20 所示。

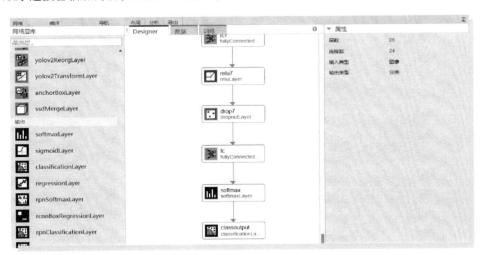

● 图 5-20　顺序连接各新加的层

步骤 4：检查所调整过的网络。

单击 Analyze 按钮 ，检查结果如图 5-21 所示。

步骤 5：导出用于训练的网络。

单击 "导出" 按钮 （Export），会将网络导出到工作区（Workspace），并将其命名为

layers_1，如图 5-22 所示。

● 图 5-21　检查网络

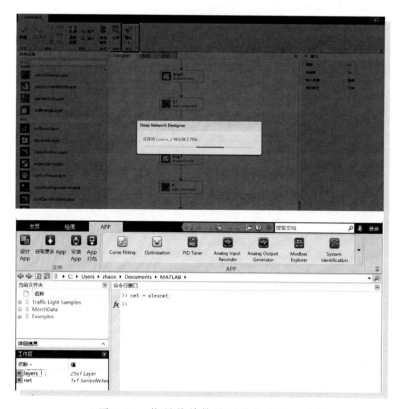

● 图 5-22　将调整结构的网络导出到工作区

对于导出到工作区的卷积神经网络，在工作区中将其选中，通过单击右键对其重命名，如图 5-23 所示。

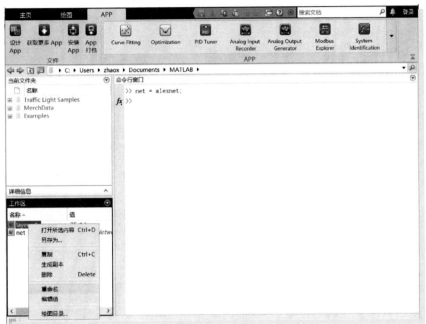

● 图 5-23　可对导出后的网络进行重命名

按照如下参数对网络进行训练配置：训练方法为' sgdm '，小批量中的样本数为 15，最大轮数为 10，初始的学习率为 0.00005，每轮都对样本数据进行随机打乱，验证频率为 3 次/轮。

训练及验证的过程如例程 5-2 所示，其运行效果如图 5-24 和图 5-25 所示，网络的训练及验证过程如图 5-26 所示。

例程 5-2：对 layers_1 卷积神经网络进行训练。

```
******************************************************************************
%%   程序说明
% 功能:对 layers_1 卷积神经网络进行训练
% 作者:zhaoxch_mail@ sina.com

%% 步骤 1:加载图像数据,并将其划分为训练集和验证集

% 加载图像数据
unzip('MerchData.zip');
imds = imageDatastore('MerchData', ...
    'IncludeSubfolders',true, ...
```

```
    'LabelSource','foldernames');

% 划分验证集和训练集
[imdsTrain,imdsValidation] = splitEachLabel(imds,0.7,'randomized');

% 随机显示训练集中的部分图像
numTrainImages = numel(imdsTrain.Labels);
idx = randperm(numTrainImages,16);
figure
for i = 1:16
    subplot(4,4,i)
    I = readimage(imdsTrain,idx(i));
    imshow(I)
end

%% 步骤2:调整数据集

% 查看网络输入层的大小和通道数
inputSize = layers_1(1).InputSize;
% 将批量训练图像的大小调整为与输入层的大小相同
augimdsTrain = augmentedImageDatastore(inputSize(1:2),imdsTrain);
% 将批量验证图像的大小调整为与输入层的大小相同
augimdsValidation = augmentedImageDatastore(inputSize(1:2),imdsValidation);

%% 步骤3:对网络进行训练

% 对训练参数进行设置
options = trainingOptions('sgdm', ...
    'MiniBatchSize',15, ...
    'MaxEpochs',10, ...
    'InitialLearnRate',0.00005, ...
    'Shuffle','every-epoch', ...
    'ValidationData',augimdsValidation, ...
    'ValidationFrequency',3, ...
    'Verbose',true, ...
'Plots','training-progress');

% 用训练图像对网络进行训练
netTransfer = trainNetwork(augimdsTrain, layers_1,options);

%% 步骤4:验证并显示结果

% 对训练好的网络采用验证数据集进行验证
[YPred,scores] = classify(netTransfer,augimdsValidation);
```

```
% 随机显示验证效果
idx = randperm(numel(imdsValidation.Files),4);
figure
for i = 1:4
    subplot(2,2,i)
    I = readimage(imdsValidation,idx(i));
    imshow(I)
    label = YPred(idx(i));
    title(string(label));
end

%% 计算分类准确率
YValidation = imdsValidation.Labels;
accuracy = mean(YPred == YValidation)

%% 创建并显示混淆矩阵
figure
confusionchart(YValidation,YPred)
```
****

● 图 5-24 随机显示验证效果

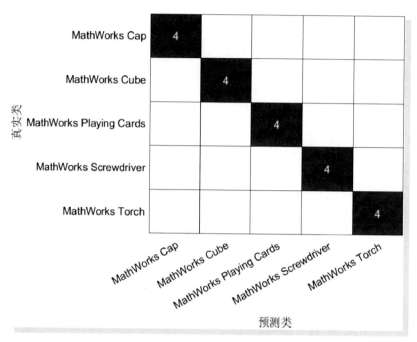

● 图 5-25　混淆矩阵图

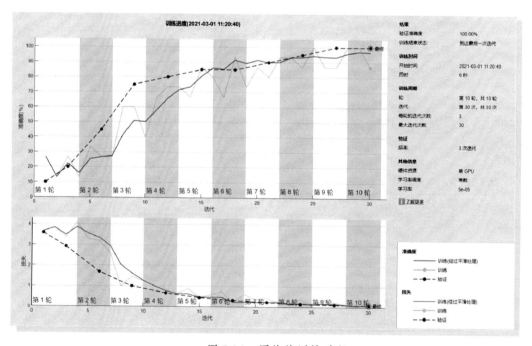

● 图 5-26　网络的训练过程

由于在配置选项中，将' Verbose '设置为了 true，所以该网络的训练和验证过程也在命令窗口中显示，如图 5-27 所示。

```
|=============================================================|
| 轮 | 迭代 | 经过的时间   | 小批量准确度 | 验证准确度 | 小批量损失 | 验证损失 | 基础学习率|
|    |     | (hh:mm:ss) |            |          |          |        |          |
|=============================================================|
|1 |1   |00:00:02|26.67% |10.00% |3.6637|3.5803|5.0000e-05|
|1 |3   |00:00:03|26.67% |20.00% |3.3736|2.9187|5.0000e-05|
|2 |6   |00:00:03|26.67% |45.00% |3.1945|1.6936|5.0000e-05|
|3 |9   |00:00:04|60.00% |75.00% |1.4636|0.9929|5.0000e-05|
|4 |12  |00:00:04|73.33% |80.00% |0.7749|0.6547|5.0000e-05|
|5 |15  |00:00:04|86.67% |85.00% |0.4635|0.4468|5.0000e-05|
|6 |18  |00:00:04|93.33% |85.00% |0.2224|0.3132|5.0000e-05|
|7 |21  |00:00:05|80.00% |90.00% |0.4288|0.2203|5.0000e-05|
|8 |24  |00:00:05|86.67% |95.00% |0.4067|0.1547|5.0000e-05|
|9 |27  |00:00:05|86.67% |100.00% |0.2194|0.1175|5.0000e-05|
|10|30  |00:00:06|86.67% |100.00% |0.2683|0.0919|5.0000e-05|
|=============================================================|
accuracy =
    1
```

● 图 5-27　例程 5-2 的运行效果在命令窗口的显示

▶▶▶▶▶▶

VGG16卷积神经网络的应用：融合卷积神经网络与支持向量机的物体识别

卷积神经网络的优势在于可以自动提取特征，而传统的机器学习方法（如支持向量机）需要手动提取特征，我们是否可以用卷积神经网提取的特征作为传统机器学习方法的输入特征来进行分类呢？本章就来讨论这个问题。

6.1 VGG16 网络的原理及特点

VGG 是由牛津大学的 Visual Geometry Group 团队提出的，它继承了 AlexNet 的一些结构，VGG-16 模型深度为 16 层，只使用 3×3 大小的卷积核（极少用了 1×1 卷积核）和 2×2 的池化核，这种小尺寸核有利于减少计算量。VGG 层数更深，特征图更宽，最后三个全连接层在形式上完全迁移 AlexNet 的最后三层。此外，在测试阶段把网络中原本的三个全连接层依次变为三个卷积层，所以网络可以处理任意大小的输入。VGG 参数量是 AlexNet 的大约 3 倍。

VGG-16 卷积神经网络的结构和参数见表 6-1，随着层数的加深，网络宽高变小，而通道数会增大。网络主要包含 1 个输入层，1 个输出层，13 个卷积层，5 个池化层和 3 个全连接层。

表 6-1　VGG-16 网络结构及参数

名　称	输　入	卷　积　核	步　长	输　出
输入层	$224 \times 224 \times 3$	—	—	$224 \times 224 \times 3$
卷积层 1	$224 \times 224 \times 3$	$3 \times 3 \times 3 \times 64$	1	$224 \times 224 \times 64$

（续）

名　称	输　入	卷　积　核	步　长	输　出
卷积层 2	$224 \times 224 \times 64$	$64 \times 3 \times 3 \times 64$		$224 \times 224 \times 64$
池化层 2	$224 \times 224 \times 64$	—	2	$112 \times 112 \times 128$
卷积层 3	$112 \times 112 \times 128$	$128 \times 3 \times 3 \times 128$	1	$112 \times 112 \times 128$
卷积层 4	$112 \times 112 \times 128$	$128 \times 3 \times 3 \times 128$	1	$112 \times 112 \times 128$
池化层 4	$112 \times 112 \times 128$	—	2	$56 \times 56 \times 256$
卷积层 5	$56 \times 56 \times 256$	$128 \times 3 \times 3 \times 256$	1	$56 \times 56 \times 256$
卷积层 6	$56 \times 56 \times 256$	$256 \times 3 \times 3 \times 256$	1	$56 \times 56 \times 256$
卷积层 7	$56 \times 56 \times 256$	$256 \times 3 \times 3 \times 256$	1	$56 \times 56 \times 256$
池化层 7	$56 \times 56 \times 256$	—	2	$28 \times 28 \times 512$
卷积层 8	$28 \times 28 \times 512$	$256 \times 3 \times 3 \times 512$	1	$28 \times 28 \times 512$
卷积层 9	$28 \times 28 \times 512$	$512 \times 3 \times 3 \times 512$	1	$28 \times 28 \times 512$
卷积层 10	$28 \times 28 \times 512$	$512 \times 3 \times 3 \times 512$	1	$28 \times 28 \times 512$
池化层 10	$28 \times 28 \times 512$	—	2	$14 \times 14 \times 512$
卷积层 11	$14 \times 14 \times 512$	$512 \times 3 \times 3 \times 512$	1	$14 \times 14 \times 512$
卷积层 12	$14 \times 14 \times 512$	$512 \times 3 \times 3 \times 512$	1	$14 \times 14 \times 512$
卷积层 13	$14 \times 14 \times 512$	$512 \times 3 \times 3 \times 512$	1	$14 \times 14 \times 512$
池化层 13	$14 \times 14 \times 512$	—	2	$7 \times 7 \times 512$
全连接层 14	4096	—	—	4096
全连接层 15	4096	—	—	4096
全连接层 16	4096	—	—	1000
输出层	1000	—	—	1000

6.2 支持向量机分类的原理

　　很多人听到"支持向量机"后都觉得高深莫测，之所以叫这个名字，是因为该算法中支持向量样本对分类的合理性起到了关键性的作用。那什么是支持向量（Support Vector）呢？支持向量是指离分类线或分类平面最近的样本点。

　　如图 6-1 所示，有两类样本数据，橙色（实线 A 左侧）和蓝色的小圆点（实线 A 右侧），中间的黑色实线是分类线，两条虚线上的点（橙色圆点 1 个和蓝色圆点 2 个）是距离分类线最近的点，这些点即为支持向量。

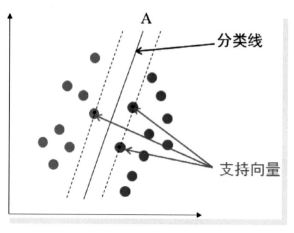

● 图 6-1　支持向量示意图

　　SVM 是一种线性分类器，分类的对象要求是线性可分的。只有当样本数据是线性可分的，才能找到一条线性分类线或分类平面等，SVM 分类才能成立。假如样本特征数据是线性不可分的，则这样的线性分类线或分类面是根本不存在的，SVM 分类也就无法实现，如图 6-2 和图 6-3 所示。

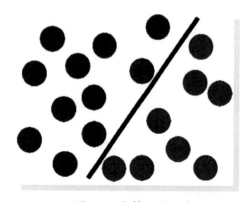

● 图 6-2　线性可分示意图

● 图 6-3　线性不可分示意图

　　对于不同维度空间，SVM 分类器的形式特点也不同，如图 6-4 所示，在二维空间中，SVM 分类器是一条直线；在三维空间中，SVM 分类器是一个平面；在多维空间中，SVM 分类器是一个超平面。

　　图 6-5a 中是已有的数据，红色（左侧）和蓝色（右侧）分别代表两个不同的类别。数据显然是线性可分的，但是将两类数据点分开的直线显然不止一条。图 6-5 b、c 分别给出了两种不同的分类方案，对于图 6-5a 中的数据，分类"效果"是相同的，但两条分类线的分类"效能"是不同的。

空间维度	SVM形式	图形示例
二维空间	一条直线	
三维空间	一个平面	
多维空间	超平面	

● 图 6-4　不同维度空间 SVM 分类器的形式特点

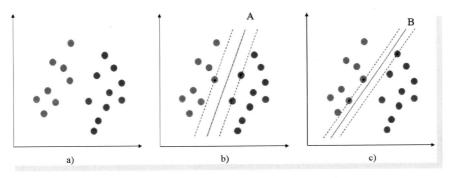

● 图 6-5　不同的分类线可实现相同的效果

　　如图 6-6a 所示，当增加一个橙色的样本点（图中箭头所指）时，分类线 A 和分类线 B 的分类效果的差异就体现出来了。分类线 A 依然可以正确分类，分类线 B 却将橙色的样本点分到了另一边，如图 6-6b、c 所示。

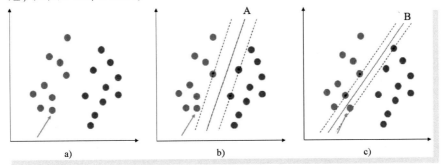

● 图 6-6　不同的分类线的分类效能不同

　　为什么会产生上面的原因呢？这里涉及第一个 SVM 独有的概念——"间隔最大化"。所谓间隔最大化，说的是分类线（或分类超平面）跟两类数据的间隔要尽可能大，SVM 的目标是以间隔最大化为原则找到最合适的那个分类器。

如图 6-7 所示，图中蓝色分类线 L2 偏向了橙色数据一方，因而不是要找的理想的分类器。红色分类线 L1 离两类数据都尽可能远，实现间隔最大化。图中两条虚线（S1 和 S2）上的圆点数据即为支持向量，它们距离分类直线最近。现在我们仅保留这些支持向量数据点进行分析，可以看出两条虚线之间的间隔距离为 r，支持向量到分类线的距离则为 $r/2$，这个值即为分类间隔。间隔最大化，就是最大化这个值。分类间隔值 $r/2$ 只与支持向量数据点有关，与其他非支持向量数据点无关。

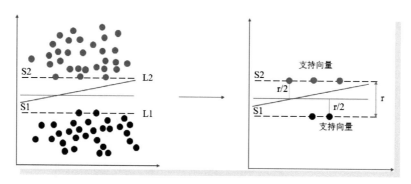

● 图 6-7　分类间隔示意图

对于线性可分的分类数据，其分类线（或超平面）可以用函数 $f(x)=w^T x+b$ 来表示，确定了参数 w^T 和 b，也就确定了该分类线（或超平面），常用的确定参数 w^T 和 b 的方法包括感知器法、损失函数法和最小二乘法等。

6.3　基于 VGG16 与 SVM 的物体识别

支持向量机是一种分类器，但基于支持向量机的分类需要输入特征，分类器基于特征进行分类，卷积神经网络可以自动地提取特征并进行层层抽象。因此对于输入图像，可以通过卷积神经网络进行特征提取，并将提取的特征输入到支持向量机分类器中进行分类，整体思路如图 6-8 所示。

本节所用到的函数：activations。

功能：提取卷积神经网络某层输出的特征信息。

用法：features = activations(net, data, layer, Name, Value)。

输入：net 表示卷积神经网络；data 表示输入卷积神经网络的数据；layer 表示待提取特征的层的名称；Name 和 Value 用来设置其他参数的值，如特征输出的形式等。

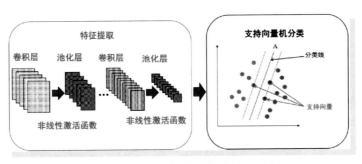

● 图 6-8 分类的整体思路示意图

例如，featuresTrain = activations(net,augimdsTrain,' pool5 ',' OutputAs ',' rows ')，实现的功能是提取名为 net 卷积神经网络在 augimdsTrain 数据的驱动下 pool5 层的特征，输出的形式为列向量。

6.4 例程实现与解析

例程 6-1 实现的是将 VGG16 卷积的' pool5 '层的输出特征作为输入，拟合 SVM 分类器，对输入的图像进行分类。例程 6-1 的运行效果如图 6-9 所示。

例程 6-1：对输入的图像进行分类。

```
*******************************************************************
%%  程序说明
%  功能:基于卷积神经网络与支持向量机对输入进行分类(提取 vgg16 的 pool5 层)
%  作者:zhaoxch_mail@ sina.com


%%  清除内存、清除屏幕
clear
clc
%%  导入数据集,划分训练集与验证集,并随机显示训练集中的 16 幅图像
%  导入数据集
unzip('MerchData.zip');
imds = imageDatastore('MerchData', ...
    'IncludeSubfolders',true, ...
    'LabelSource','foldernames');


% 将数据集划分为训练集与测试集
[imdsTrain,imdsTest] = splitEachLabel(imds,0.7,'randomized');
```

```
%随机显示其中的16幅图像
numTrainImages = numel(imdsTrain.Labels);
idx = randperm(numTrainImages,16);
figure
for i = 1:16
    subplot(4,4,i)
    I = readimage(imdsTrain,idx(i));
    imshow(I)
end

%% 加载训练好的网络并显示网络结构
net = vgg16;
analyzeNetwork(net)

%% 将数据集图像大小调整到与网络的大小相同
inputSize = net.Layers(1).InputSize
augimdsTrain = augmentedImageDatastore(inputSize(1:2),imdsTrain);
augimdsTest = augmentedImageDatastore(inputSize(1:2),imdsTest);

%% 提取卷积神经网络中'pool5'层的特征
layer = 'pool5';
featuresTrain = activations(net,augimdsTrain,layer,'OutputAs','rows');
featuresTest = activations(net,augimdsTest,layer,'OutputAs','rows');

%% 用提取的卷积神经网络(pool5)层的特征拟合 SVM 分类器
YTrain = imdsTrain.Labels;
classifier = fitcecoc(featuresTrain,YTrain);

%% 用测试集测试分类器的精度,并随机显示测试结果
% 计算准确度
YPred = predict(classifier,featuresTest);
YTest = imdsTest.Labels;
accuracy = mean(YPred == YTest)

% 显示分类结果
idx =[1 5 10 15];
figure
for i = 1:numel(idx)
    subplot(2,2,i)
    I = readimage(imdsTest,idx(i));
    label = YPred(idx(i));
    imshow(I)
    title(char(label))
end
****************************************************************************
```

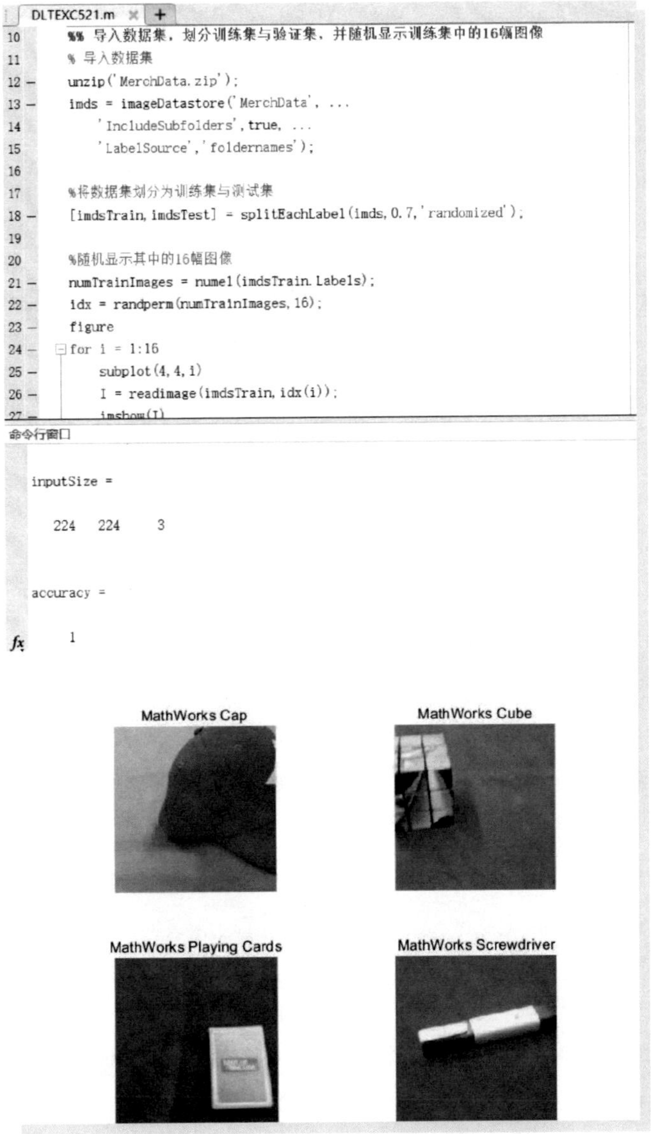

```
DLTEXC521.m  ×  +
10    %% 导入数据集，划分训练集与验证集，并随机显示训练集中的16幅图像
11    % 导入数据集
12  -  unzip('MerchData.zip');
13  -  imds = imageDatastore('MerchData', ...
14        'IncludeSubfolders', true, ...
15        'LabelSource', 'foldernames');
16
17    %将数据集划分为训练集与测试集
18  -  [imdsTrain, imdsTest] = splitEachLabel(imds, 0.7, 'randomized');
19
20    %随机显示其中的16幅图像
21  -  numTrainImages = numel(imdsTrain.Labels);
22  -  idx = randperm(numTrainImages, 16);
23  -  figure
24  -  for i = 1:16
25        subplot(4, 4, i)
26        I = readimage(imdsTrain, idx(i));
27        imshow(I)
```

命令行窗口

```
inputSize =

   224    224      3


accuracy =

     1
```

MathWorks Cap

MathWorks Cube

MathWorks Playing Cards

MathWorks Screwdriver

● 图 6-9　例程 6-1 的运行效果

案例7

▶▶▶▶▶▶

LSTM长短期记忆神经网络的应用：
心电图信号分类

循环神经网络是一种应用十分广泛的神经网络。本章主要探讨如何利用循环神经网络对一类常见的时序数据，即心电图（ECG）信号进行建模与分类。

7.1 从时间的角度看序列性数据

在我们生活的世界里，大到人类社会发展历史，小到个体的人生过程，世间万物都难以逃出"时间"这一维度。因此，自从有了人类，具有序列性的多种多样数据就开始了悄无声息的积累。

从发展的眼光来看待周围的事物，随着时间的推移，事物自身的状态也在发生变化，如人类从婴儿时期到成年期的生长发育、电影或小说剧情的推进、人类历史的发展，乃至天体从形成到湮灭等诸多事例。尽管这些事例类型多种多样，但是都具有共同的特点，即"没有曾经的过去则不存在当前的现状"。换句话说，事物的整个发展历程是一个环环相扣、承前启后的过程，而这个过程则是以"时间"作为纽带，将无数个历史的离散事件串联起来，从而构成当前时间点下的事物状态。我们通常将这种通过时间构筑起来的事件前后依赖关系称作"时间依赖"。对时序数据在时间方向上的依赖关系进行建模是对这类数据的结构进行学习与分类的关键。

7.2 序列建模之循环神经网络

循环神经网络（Recurrent Neural Network，RNN）是一类专门用于处理序列性数据$x^{(1)}$，…，

$x^{(\tau)}$的神经网络，如图 7-1 所示，其结构主要包含三个关键点：本质是一种神经网络；具有循环体结构；包含隐含状态。

t 时刻的 RNN 网络具有两个输入，分别为 t 时刻的输入向量$x^{(t)}$与 $t-1$ 时刻的隐含状态向量$h^{(t-1)}$。其中，隐含状态向量$h^{(\tau)}$在 RNN 网络的循环通路上。因此，RNN 网络将当前时间步 t 的隐含状态向量$h^{(t)}$作为输入量汇入到下一个时间步 $t+1$ 的 RNN 循环体中。因此，RNN 网络可以在时间方向上展开，在循环体内每一个时间步处，输入通路的参数共享，输出通路的参数亦然。换言之，RNN 网络在处理序列$x^{(1)},\cdots,x^{(t)}$的数据时，由于参数共享的原因，其在每一个时间步上对输入$x^{(i)}$($i=1,\cdots,t$)以相同的方式（即共享的输入权重矩阵W_x，循环体权重矩阵W_L与输出权重矩阵W_o）进行处理。正是参数共享的原因，简化了 RNN 网络的复杂度，使得网络结构可进一步加深。

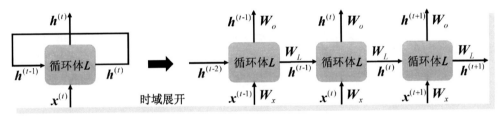

● 图 7-1　RNN 的循环与展开计算结构示意图

下文进一步考察 RNN 循环体的内部结构，如图 7-2 所示。如前文所述，RNN 本质上是一种神经网络，其循环体结构包含了一个神经网络层，其实质上是一个最简单的神经元网络，即感知器（Perceptron）。RNN 首先对上一个时间步 $t-1$ 的隐含状态向量$h^{(t-1)}$与当前时间步 t 的输入向量$x^{(t)}$进行向量并置，然后并置后的向量传递给神经网络层进行处理，接着以双曲正切

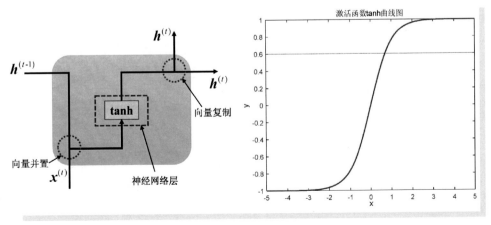

● 图 7-2　RNN 的循环体内部结构示意图与激活函数 tanh 曲线图

函数 tanh 作为激活函数，对神经网络层的输出进行处理，将隐含状态向量中元素的值域限制在实数开区间 （−1,1）之内。由此可得当前隐含层状态向量 $\boldsymbol{h}^{(t)}$，通过向量复制操作，一方面将 $\boldsymbol{h}^{(t)}$ 作为当前循环体的输出，另一方面则将 $\boldsymbol{h}^{(t)}$ 作为循环体下一时间步的隐含状态输出传递 RNN 的循环体，长此以往，直至输入序列的末尾才结束处理进程。

7.3 基于门与记忆细胞构建序列模型的"长期依赖关系"

由于 RNN 结构简单与网络可扩展性强的特点，早期研究人员逐渐将 RNN 应用到长序列数据的建模与学习的任务上。然而，不同的研究人员先后独立发现了在对长序列数据上使用 RNN 进行建模与训练时，出现了梯度消失或爆炸的问题。然而，为了实现模型的记忆存储并对小扰动具有鲁棒性，RNN 必须进入参数空间的梯度消失区域，从而无法通过简单地停留在梯度正常区域来规避这一问题。Bengio 等人的实验表明，在使用随机梯度下降 （Stochastic Gradient Descent，SGD）对 RNN 进行训练时，在长度仅为 10 或 20 的序列上训练传统 RNN 的概率会迅速变为 0，这导致使用 SGD 训练 RNN 的优化过程变得异常困难，即 RNN 难以在长序列数据上构建起"长期依赖关系"。

该问题主要源于 RNN 的内部结构，如图 7-2 所示，RNN 循环体内部的信息流通渠道单一，只能通过神经网络层输入，然后输出。对于依赖误差反向传播训练框架的学习过程而言，网络训练的推进动力主要在于梯度。如果在信息流通渠道上的梯度消失或爆炸了，势必影响 RNN 的训练效果。从训练 RNN 网络的角度来看，训练过程一般采用随时间反向传播 （Back Propagation Through Time，BPTT）算法，即沿着 RNN 时域展开方向的反方向对每个参数依次求偏导，由此可以得到损失函数关于各权重矩阵的 BPTT 梯度表达式。由于在训练 RNN 的过程中，序列具有一定长度，因此必然会使得 BPTT 梯度表达式中出现关于各权重矩阵参数的连乘项，当连乘项数值非常接近 0 或大于 1 时，则会导致梯度消失或爆炸。从 RNN 循环体内部结构来看，神经网络层是信息流通的必经之路，这意味着在采用 BPTT 算法训练网络时须求网络参数的梯度，随着网络的加深，梯度的消失或爆炸是难以避免的问题。因此，只有通过改进 RNN 循环体的内部结构才能从根本上解决 RNN 无法学习到长序列的长期依赖关系的问题。

一种朴素的改进思想是增加 RNN 循环体内的信息流通路径并设置相应的记忆单元，其中增加信息流通路径为有用信息的筛选与传递提供了"硬件"基础，而设置记忆单元则是为了保存训练数据中的有用信息。改进后的 RNN 网络具备了构建序列的长期以来关系并且具有了显性的记忆单元，改进后的 RNN 被称为"长短期记忆 （Long Short-Term Memory，LSTM）"网络，其结构如图 7-3 所示，与 RNN 循环体内部的结构相比，LSTM 循环体内部最明显的变化有两点：

1）一贯而终的记忆细胞（Memory Cell，简记为$c^{(t)}$）信息流通路径，使得训练过程中梯度信息的"长距离"传递具备可行性。

2）增设了三种"门"，分别为遗忘门（Forget Gate，简记为$f^{(t)}$）、输入门（Input Gate，简记为$i^{(t)}$）与输出门（Output Gate，简记为$o^{(t)}$），三者利用 sigmoid（简记为σ）激活函数的 0-1 门控特性对经过的信息进行筛选，通过有用的信息，阻挡无用的信息。LSTM 通过记忆细胞状态$c^{(t)}$来构建"长期依赖关系"，通过隐含层状态$h^{(t)}$来构建"短期依赖关系"。而目前已有的其他 LSTM 变种结构均以图 7-3 所示的 LSTM 结构为基础。

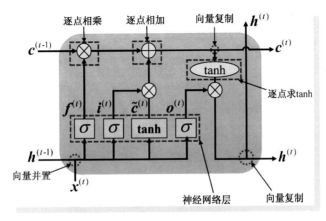

● 图 7-3　LSTM 的循环体内部结构示意图

7.4　基于 LSTM 实现心电图信号分类的步骤

本节使用 PhysioNet 2017 挑战赛（PhysioNet 2017 Challenge）提供的心电图（Electrocardio-Gram，ECG）信号数据作为训练与测试样本。ECG 记录的是人体心脏在一定时间内的生理电活动。内科医师通过观察病人的 ECG 数据判断其心律是否正常。心房颤动（Atrial fibrillation，AFib）是在心脏上部的心房和下部的心室失去协调时产生的一种不规则心跳。该数据集包含了以 300Hz 采样率采集的 ECG 信号，而专家将这些信号分为四类，分别为正常（Normal，简记为 N）、心房颤动（AFib，简记为 A）、其他节律（Other Rhythm，简记为 O）与含噪记录（Noisy Recording，简记为 ~）。前文所述的 LSTM 网络主要用于前向分析时序数据，而双向 LSTM 网络（Bi-LSTM）可以从前向与后向两个方向分析时序数据。本示例采用 Bi-LSTM 对 N 与 A 两大类 ECG 信号进行二元分类任务。

本示例分别从使用原始数据样本与提取特征后的样本两种不同的输入来演示 LSTM 在 ECG 信号分类上的应用，其实现步骤如下所示。

步骤 1：加载并检查 ECG 数据。

步骤 2：准备用于训练的数据。

步骤 3：使用原始信号数据训练分类器。

步骤 4：定义 Bi-LSTM 网络架构。

步骤 5：训练 Bi-LSTM 网络。

步骤 6：可视化训练和测试准确度。

步骤 7：通过特征提取提高性能。

步骤 8：标准化数据。

步骤 9：修改 LSTM 网络架构。

步骤 10：用时频特征训练 LSTM 网络。

步骤 11：可视化训练和测试准确度。

7.5 本节所用到的函数解析

1. summary 函数

功能：输出表、时间表或分类数组的摘要。

用法：summary（T）。

输入：T 可以是 MATLAB 中定义的表、时间表或分类数组。

输出：返回关于 T 的摘要。

例如，summary(categorical({'N';'N';'A';'N';'A';'A';'N';'A';'N'}))的命令行输出如下。

A   4

N   5

该函数语句可以直观展示输入表中不同类别标签各自的总数统计。

2. pspectrum 函数

功能：在频域与时频域分析信号。

用法：pspectrum(x, fs, type, Name, Value)。

输入：x 是输入信号，可以是一个向量/矩阵（或带有数据向量/矩阵的时间表）；fs 是数据的采样率；type 指要计算的频谱类型，默认为 power，可选 spectrogram 或 persistence；Name，

Value 常以成对的形式出现，详细可参考 pspectrum 函数的帮助文件，本示例使用的参数对为 'TimeResolution'，0.5，意指光谱图的时间分辨率为 0.5。

输出：输入 x 在对应采样率 fs 与输出类型 type 的能量谱。

例如，pspectrum(x, fs, 'spectrogram', 'TimeResolution', 0.5)的**命令行输出**为关于 x 的能量谱图，该函数语句可以直观展示输入信号 x 在采样率 fs 时的能量谱图。

3. instfreq 函数

功能：估计输入信号 x 的瞬时频率。

用法：ifq = instfreq(x, fs)。

输入：x 是输入信号，通常为一个向量，若其为一个矩阵，则返回该矩阵每列向量对应的瞬时频率值 ifq；fs 是数据的采样率。

输出：与输入 x 对应的瞬时频率估计值 ifq。

例如，ifq = instfreq(x, fs)的**命令行输出**为输入 x 对应的瞬时频率估计值 ifq，该函数语句可以输出与信号 x 相对应的瞬时频率估计值 ifq。

4. pentropy 函数

功能：计算信号的谱熵。

用法：[se, t] = pentropy(x, sampx)。

输入：x 指输入向量；sampx 是输入的采样率或采样时间区间向量。

输出：se 指返回的输入向量 x 谱熵，t 指对应的时间向量或时间表。

例如，[se, t] = pentropy(x, sampx)的**命令行输出**为输入 x 在采样率 sampx 下对应谱熵 se 与时间向量 t，该函数语句可以输出 x 在采样率 sampx 下对应谱熵 se 与时间向量 t。

5. cellfun 函数

功能：对元细胞组中的每个元胞应用函数。

用法：A = cellfun(func, C, Name, Value)。

输入：func 指应用于元胞数组 C 的每个元胞内容的函数，每次应用于一个元胞。使用一个或多个 Name，Value 对组参数指定其他选项。例如，要以元胞数组形式返回输出值，请指定 'UniformOutput'，false。

输出：数组 A 由 cellfun 将 func 的输出串联而成。

例如，instfreqTrain = cellfun('@ (x)instfreq(x,fs)', XTrain, 'UniformOutput', false)的**命令行输出**为元胞数组 instfreqTrain，该函数语句使用 cellfun 将 instfreq 函数应用于训练集和测试集中的每个单元。

7.6 例程实现与解析

例程 7-1 首先基于 Bi-LSTM 使用 PhysioNet 2017 的原始一维 ECG 训练数据进行心房颤动与正常 ECG 二元分类，然后通过将 ECG 一维时序数据进行特征提取后将 ECG 信号转化为二维的时频域数据，再次利用 Bi-LSTM 网络进行二元分类，最后获得了分类性能的提升。例程运行过程中的可视化结果如图 7-4 ~ 图 7-14 所示。请读者结合注释仔细理解。

例程 7-1： 基于 Bi-LSTM 网络对 ECG 信号进行分类。

```
********************************************************************************
%% 程序说明

% 功能:基于 Bi-LSTM 网络对 ECG 信号进行分类


%% 步骤 1:加载并检查 ECG 数据

% 解压下载好的 ECG 数据
unzip('training2017.zip')
% 将当前工作目录更改为解压后的数据文件夹目录
cd training2017
% 创建一个 csv 文件记录数据集中文件名与相应的标签
ref = 'REFERENCE.csv';
tbl = readtable(ref,'ReadVariableNames',false);
tbl.Properties.VariableNames = {'Filename','Label'};
% 删除标签为'Other Rhythm'与'Noisy Recording'的信号
toDelete = strcmp(tbl.Label,'O') | strcmp(tbl.Label,'~');
tbl(toDelete,:) = [];

% 加载文件中的所有文件并存储相应的信号数据
H = height(tbl);
for ii = 1:H
    fileData = load([tbl.Filename{ii},'.mat']);
    tbl.Signal{ii} = fileData.val;
end

% 离开当前训练集文件夹
cd ..

% 将数据整理成适合 LSTM 训练的格式
% Signals:存储 ECG 信号数据的元胞数组
% Labels:存储 ECG 信号真实标签的分类数组
Signals = tbl.Signal;
```

```
Labels = categorical(tbl.Label);

% 将以上信号与标签数组存储为 MAT 文件
save PhysionetData.mat Signals Labels

% 加载重新规整后的 ECG 数据
load PhysionetData

% 了解 ECG 数据中 AFib 信号与正常信号的各自样本量
summary(Labels)

% 生成信号长度的直方图,根据直方图的结果发现大多数信号的长度是 9000(个采样点)
L = cellfun(@ length,Signals);
h = histogram(L);
xticks(0:3000:18000);
xticklabels(0:3000:18000);
title('Signal Lengths')
xlabel('Length')
ylabel('Count')
```

% 可视化每个类中一个信号的片段。AFib 心跳间隔不规则,而正常心跳呈现规
% 律的周期性。AFib 心跳信号还经常缺失 P 波,P 波在正常心跳信号的 QRS 复合
% 波之前出现。正常信号的绘图中包含了 P 波和 QRS 复合波

```
normal = Signals{1};
aFib = Signals{4};

subplot(2,1,1)
plot(normal)
title('Normal Rhythm')
xlim([4000,5200])
ylabel('Amplitude (mV)')
text(4330,150,'P','HorizontalAlignment','center')
text(4370,850,'QRS','HorizontalAlignment','center')

subplot(2,1,2)
plot(aFib)
title('Atrial Fibrillation')
xlim([4000,5200])
xlabel('Samples')
ylabel('Amplitude (mV)')
```

%% 步骤 2:准备用于训练的数据
% 基于步骤 1 对 ECG 信号长度的观察结果,应重新规整数据长度,使它们的长度
% 都为 9000 个样本。该函数会忽略少于 9000 个样本的信号。如果信号的样本
% 超过 9000 个,则将其分成尽可能多的包含 9000 个样本的信号段,并忽略剩

```
% 余样本。例如,具有 18500 个样本的信号将变为两个包含 9000 个样本的
% 信号,剩余的 500 个样本被忽略

%目标信号长度
targetLength = 9000;
signalsIn = Signals;
labelsIn = Labels;
signalsOut = {};
labelsOut = {};
Signals = {};
Labels = {};

for idx = 1:numel(signalsIn)

    x = signalsIn{idx};
    y = labelsIn(idx);

    % 确保 x 为列行向量
    x = x(:);

    % 计算 ECG 数据中目标信号长度的样本块数量
    numSigs = floor(length(x)/targetLength);

    if numSigs == 0
        continue;
    end

    % 将信号截断为包含 numSigs 个目标信号长度 targetLength 的片段
    x = x(1:numSigs * targetLength);

    % 将 x 的尺寸重置为 targetLength * numSigs 的矩阵
    M = reshape(x,targetLength,numSigs);

    % 为矩阵 M 的每一列向量分配对应的 numSigs 个真实标签
    y = repmat(y,[numSigs,1]);

    % 将矩阵 M 延垂直方向拼接成元胞数组
    signalsOut =[signalsOut; mat2cell(M.',ones(numSigs,1))];
    labelsOut =[labelsOut; cellstr(y)];
end

labelsOut = categorical(labelsOut);
Signals = signalsOut;
Labels = labelsOut;
```

```
%% 步骤 3:使用原始信号数据训练分类器
% 观察规整后的数据标签分布情况,结果可显示有 718 个 AFib 信号和 4937 个正
% 常信号,比例为 1:7
summary(Labels)

% 根据信号类别划分信号
afibX = Signals(Labels = ='A');
afibY = Labels(Labels = ='A');
normalX = Signals(Labels = ='N');
normalY = Labels(Labels = ='N');

% 使用 dividerand 将每个类的目标随机分为训练集和测试集
[trainIndA, ~ ,testIndA] = dividerand(718,0.9,0.0,0.1);
[trainIndN, ~ ,testIndN] = dividerand(4937,0.9,0.0,0.1);

XTrainA = afibX(trainIndA);
YTrainA = afibY(trainIndA);

XTrainN = normalX(trainIndN);
YTrainN = normalY(trainIndN);

XTestA = afibX(testIndA);
YTestA = afibY(testIndA);

XTestN = normalX(testIndN);
YTestN = normalY(testIndN);

% 现在有 646 个 AFib 信号和 4443 个正常信号用于训练。要在每个类中获
% 得相同数量的信号,现使用前 4438 个正常信号,然后使用 repmat 对前 634
% 个 AFib 信号重复七次。对于测试集,现在有 72 个 AFib 信号和 494 个正常信
% 号。使用前 490 个正常信号, 然后使用 repmat 对前 70 个 AFib 信号重复七次
% 默认情况下,神经网络会在训练前随机对数据进行乱序处理,以确保相邻信
% 号不都有相同的标签
XTrain =[repmat(XTrainA(1:634),7,1); XTrainN(1:4438)];
YTrain =[repmat(YTrainA(1:634),7,1); YTrainN(1:4438)];

XTest =[repmat(XTestA(1:70),7,1); XTestN(1:490)];
YTest =[repmat(YTestA(1:70),7,1); YTestN(1:490);];

% 检验过采样后的训练集与测试集数据分布,从结果来看,两类数据分布均衡
summary(YTrain)
summary(YTest)

%% 步骤 4:定义 Bi-LSTM 网络架构
% 这是 Bi-LSTM 网络的参数,从上往下依次构建网络的输入到输出层
```

```matlab
layers =[ ...
  sequenceInputLayer(1)                    % 输入数据为 1 维数据
  bilstmLayer(100,'OutputMode','last')     % 100 个隐含单元,输出序列最后一个元素
  fullyConnectedLayer(2)                   % 2 层全连接层
  softmaxLayer                             % softmax 层
  classificationLayer                      % 交叉熵分类层
  ]
% Bi-LSTM 超参数设置
options = trainingOptions('adam', ...      % ADAM 求解器
  'MaxEpochs',10, ...                      % 最大训练 epoch 次数
  'MiniBatchSize', 100, ...                % 小批量尺寸,不宜太大,否则易出现 CUDA 错误
  'InitialLearnRate', 0.01, ...            % 学习率
  'SequenceLength', 1000, ...              % 序列长度(将信号分解成更小的片段)
  'GradientThreshold', 1, ...              % 梯度阈值,防止梯度爆炸
  'ExecutionEnvironment', "auto",...       % 自动选择执行的硬件环境,如果有 GPU, 首选 GPU, 否则选
用 CPU 训练
  'plots','training-progress', ...         % 绘制训练过程
  'Verbose',false);                        % 在命令行窗口展示训练过程(true:是,false:否)


%% 步骤 5:训练 Bi-LSTM 网络
% 训练设置好的 Bi-LSTM 网络,并把训练好的模型存储到对象 net
net = trainNetwork(XTrain,YTrain,layers,options);

%% 步骤 6:可视化训练和测试准确度
% 对训练数据进行分类
trainPred = classify(net,XTrain,'SequenceLength',1000);
% 计算训练准确度
LSTMAccuracy = sum(trainPred == YTrain)/numel(YTrain)*100
% 使用 confusionchart 命令计算用于测试数据预测的总体训练分类准确度
% 将'RowSummary'指定为'row-normalized'以在行汇总中显示真正率和假正率
% 此外,将'ColumnSummary'指定为'column-normalized'以在列汇总中显示正预
% 测值和假发现率
figure
confusionchart(YTrain,trainPred,'ColumnSummary','column-normalized',...
               'RowSummary','row-normalized','Title','Confusion Chart for LSTM');
% 对测试数据进行分类
testPred = classify(net,XTest,'SequenceLength',1000);
% 计算测试准确度
LSTMAccuracy = sum(testPred == YTest)/numel(YTest)*100
% 使用 confusionchart 命令计算用于测试数据预测的总体测试分类准确度
% 将'RowSummary'指定为'row-normalized'以在行汇总中显示真正率和假正率
% 此外,将'ColumnSummary'指定为'column-normalized'以在列汇总中显示正预
% 测值和假发现率
figure
confusionchart(YTest,testPred,'ColumnSummary','column-normalized',...
```

```
                    'RowSummary','row-normalized','Title','Confusion Chart for LSTM');
```

%% 步骤 7:通过特征提取提高性能
% 根据步骤 6 的测试结果可知总体训练与测试准确度在 50% 到 60% 之间。故考虑
% 从数据中提取特征来帮助分类器提升训练和测试准确度。为了决定提取哪些
% 特征,本示例首先计算时频图像(如频谱图)
```
fs = 300;
```
% 可视化每个信号类型的频谱图
```
figure
subplot(2,1,1);
pspectrum(normal,fs,'spectrogram','TimeResolution',0.5)
title('Normal Signal')

subplot(2,1,2);
pspectrum(aFib,fs,'spectrogram','TimeResolution',0.5)
title('AFib Signal')
```

% 然后通过对图像进行特征提取,将图像转换为一维特征, 再使用它们来训练 Bi-LSTM 网络
% 首先使用时频矩中的瞬时频率提取频谱图信息
```
[instFreqA,tA] = instfreq(aFib,fs);
[instFreqN,tN] = instfreq(normal,fs);
```
% 可视化每个信号类型的瞬时频率,其使用时间窗上的短时傅里叶变换计算频谱图
```
figure
subplot(2,1,1);
plot(tN,instFreqN)
title('Normal Signal')
xlabel('Time (s)')
ylabel('Instantaneous Frequency')
subplot(2,1,2);
plot(tA,instFreqA)
title('AFib Signal')
xlabel('Time (s)')
ylabel('Instantaneous Frequency')
```

% 使用 cellfun 将 instfreq 函数应用关于训练集和测试集中的每个单元
```
instfreqTrain = cellfun(@ (x)instfreq(x,fs)',XTrain,'UniformOutput',false);
instfreqTest = cellfun(@ (x)instfreq(x,fs)',XTest,'UniformOutput',false);
```

% 然后使用时频矩中的谱熵提取频谱图信息,其测量信号的频谱的尖度或平坦
% 度。具有尖峰频谱的信号(正弦波之和)具有低谱熵。具有平坦频谱的信
% 号(如白噪声)具有高谱熵
```
[pentropyA,tA2] = pentropy(aFib,fs);
[pentropyN,tN2] = pentropy(normal,fs);
```
% 可视化每个信号类型的谱熵

```
figure

subplot(2,1,1)
plot(tN2,pentropyN)
title('Normal Signal')
ylabel('Spectral Entropy')

subplot(2,1,2)
plot(tA2,pentropyA)
title('AFib Signal')
xlabel('Time (s)')
ylabel('Spectral Entropy')

% 使用 cellfun 将 pentropy 函数应用于训练中和测试集中的每个单元
pentropyTrain = cellfun(@(x)pentropy(x,fs)',XTrain,'UniformOutput',false);
pentropyTest = cellfun(@(x)pentropy(x,fs)',XTest,'UniformOutput',false);

% 串联瞬时频率与谱熵两种特征,使新的训练集和测试集中的每个单元都有两个维度(即两个特征)
XTrain2 = cellfun(@(x,y)[x;y],instfreqTrain,pentropyTrain,'UniformOutput',false);
XTest2 = cellfun(@(x,y)[x;y],instfreqTest,pentropyTest,'UniformOutput',false);

%% 步骤 8:标准化数据
% 由于提取特征的数据量级差异较大,故对提取特征后的数据进行标准化处理
% 即使用训练集均值和标准差来标准化训练集和测试集
mean(instFreqN)
mean(pentropyN)
XV = [XTrain2{:}];
mu = mean(XV,2);
sg = std(XV,[],2);

XTrainSD = XTrain2;
XTrainSD = cellfun(@(x)(x-mu)./sg,XTrainSD,'UniformOutput',false);

XTestSD = XTest2;
XTestSD = cellfun(@(x)(x-mu)./sg,XTestSD,'UniformOutput',false);

% 显示标准化瞬时频率和谱熵的均值
instFreqNSD = XTrainSD{1}(1,:);
pentropyNSD = XTrainSD{1}(2,:);
mean(instFreqNSD)
```

```
mean(pentropyNSD)

%% 步骤 9：修改 Bi-LSTM 网络架构
% 根据步骤 8 提取特征后的数据具有两个维度，因此需要修改 Bi-LSTM 网络架构
layers =[ ...
    sequenceInputLayer(2)                    %输入数据为二维数据
    bilstmLayer(100,'OutputMode','last')
    fullyConnectedLayer(2)
    softmaxLayer
    classificationLayer
    ]
%
options = trainingOptions('adam', ...
    'MaxEpochs',30, ...                      %将最大 epoch 数设置为 30
    'MiniBatchSize', 100, ...
    'InitialLearnRate', 0.01, ...
    'GradientThreshold', 1, ...
    'ExecutionEnvironment',"auto",...
    'plots','training-progress', ...
    'Verbose',false);


%% 步骤 10：用时频特征训练 LSTM 网络
% 使用提取特征后的数据训练修改架构后的 Bi-LSTM 网络，并把训练好的模型存储到对象 net2
net2 = trainNetwork(XTrainSD,YTrain,layers,options);

%% 步骤 11：可视化训练和测试准确度
% 使用更新后的 Bi-LSTM 网络对训练数据进行分类
%  将分类性能可视化为混淆矩阵。
trainPred2 = classify(net2,XTrainSD);
LSTMAccuracy = sum(trainPred2 == YTrain)/numel(YTrain) * 100
figure
confusionchart(YTrain,trainPred2,'ColumnSummary','column-normalized',...
            'RowSummary','row-normalized','Title','Confusion Chart for LSTM');

% 使用更新后的网络对测试数据进行分类。绘制混淆矩阵以检查测试准确度
testPred2 = classify(net2,XTestSD);
LSTMAccuracy = sum(testPred2 == YTest)/numel(YTest) * 100
figure
confusionchart(YTest,testPred2,'ColumnSummary','column-normalized',...
            'RowSummary','row-normalized','Title','Confusion Chart for LSTM');
```

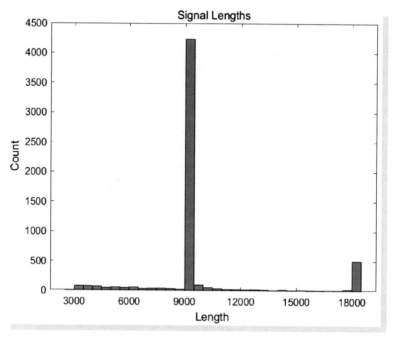

● 图7-4　ECG 数据集中信号长度直方图

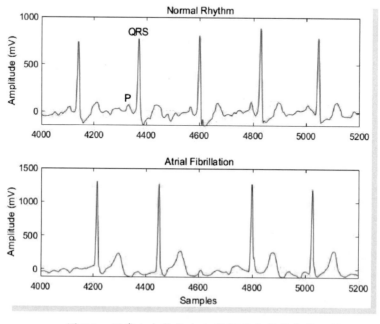

● 图7-5　正常心电信号与心房颤动信号的片段示例

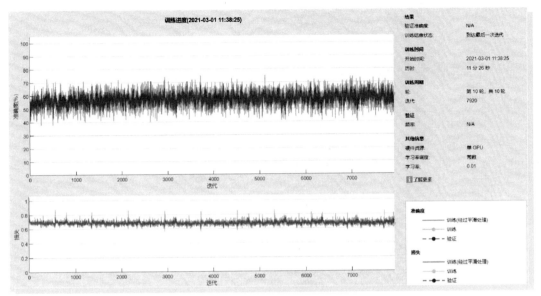

● 图 7-6　Bi-LSTM 在原始 ECG 数据集上的训练过程

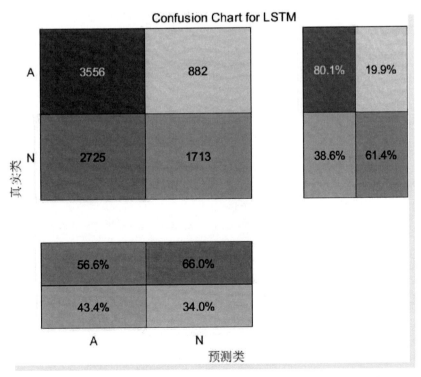

● 图 7-7　Bi-LSTM 在原始 ECG 数据集训练集上的混淆矩阵

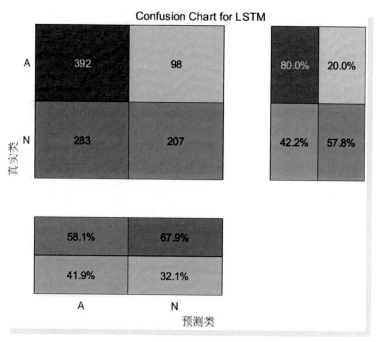

● 图 7-8　Bi-LSTM 在原始 ECG 数据集测试集混淆矩阵

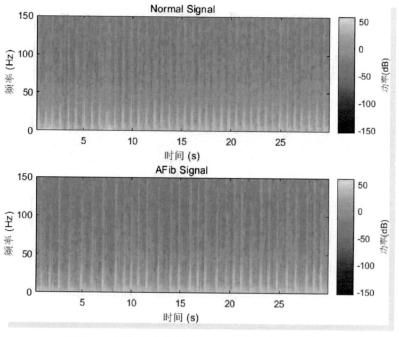

● 图 7-9　正常心跳信号与心房颤动信号的频谱图示例

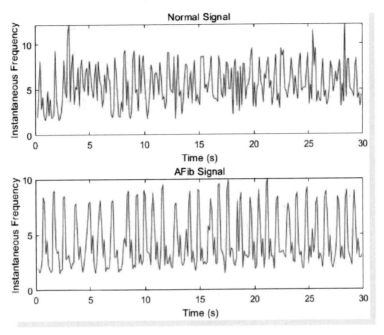

● 图 7-10　正常心跳信号与心房颤动信号的瞬时频率示例

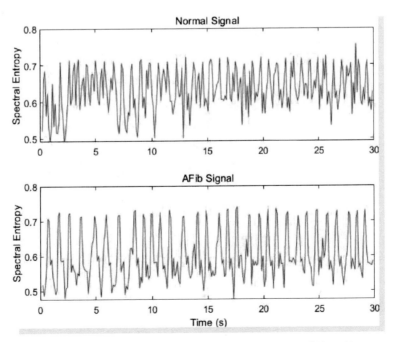

● 图 7-11　正常心跳信号与心房颤动信号的谱熵示例

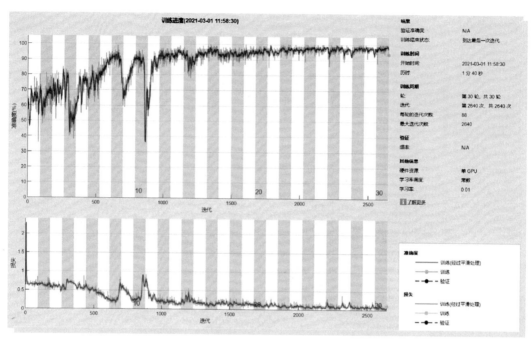

● 图 7-12　改进后 Bi-LSTM 在提取特征后的数据集上的训练过程

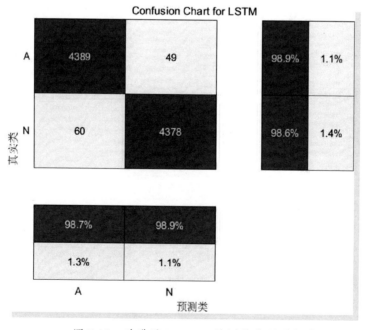

● 图 7-13　改进后 Bi-LSTM 的训练集混淆矩阵

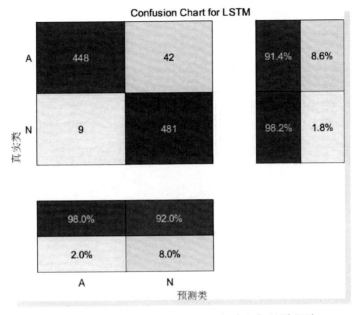

● 图7-14　改进后 Bi-LSTM 的测试集混淆矩阵

ResNet残差网络的应用：
新冠肺炎胸片检测

深度神经网络在"抗疫"过程中也发挥了积极的作用。本章就结合实际，讲解如何利用 ResNet 残差网络对胸片图像进行分类。

8.1　深度学习技术在抗击疫情中的应用

2020 年，全世界遭遇了百年不遇的传染病——新型冠状病毒肺炎（Corona Virus Disease 2019，COVID-19），简称"新冠肺炎"。这种病毒有着极强的传染性、较高的致死率，且潜伏时间长、传播渠道多样，给世界各国的生产和生活带来巨大冲击。在这样的大背景下，我们是否能够利用已经学习掌握的深度学习技术在抗疫中出一份力呢？答案是肯定的。

从深度学习图像处理领域出发，我们很容易想到利用深度学习技术对医学图像进行分类，以辅助医生进行诊断。在新冠肺炎诊断过程中，除了病毒核酸检测外，X 射线的胸正位图像也是其中一个重要环节。在一些经济欠发达地区，或者因疫情爆发而造成医疗资源挤兑的区域，检测试剂盒往往难以满足需求，并且几个小时甚至十几个小时的检测时间过于漫长。相比之下，一个有经验的医生往往可以通过 X 射线胸片图像判断出患者是否有较大的概率罹患新冠。但是，这种依赖于经验的主观判断，可能因为不同的医生而有所不同，容易造成误诊。因此，我们可以考虑通过深度学习技术来辅助医生进行判断，提高诊断的正确率。

在本节中，我们将使用开源胸片数据集，训练一个 ResNet 网络，用以分类一张胸片是属于健康人，还是属于新冠肺炎患者，以期帮助医生更准确地做出判断。所使用的图像数据集由 Adrian Rosebrock 博士发布，可以直接从网址（https：//www. pyimagesearch. com/2020/03/16/ detecting-covid-19-in-x-ray-images-with-keras-tensorflow-and-deep-learning/）下载。其中包含 25 张健康人胸片和 25 张新冠肺炎患者胸片，原作者还提供了 Python 的 Keras 库和 VGG16 网络的代码，本文只用了其中的数据集，ResNet 网络程序由 MATLAB 实现。

8.2 ResNet 网络简介

ResNet 是深度残差网络（Residual Network）的简称，由微软的何凯明等人于 2015 年提出，一举夺得当年 ImageNet 大规模视觉识别竞赛图像分类和物体识别的冠军。其核心思想是在每 2 个网络层之间加入一个残差连接，缓解深层网络中的梯度消失问题，使得训练数百甚至数千层成为可能，如图 8-1 所示。

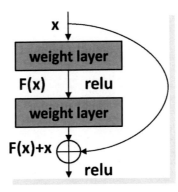

• 图 8-1　残差连接

在图像处理领域，一般认为神经网络更深的网络层能够提取出更加"高级"的图像特征。为了实现先进的性能，网络往往都需要数十甚至数百层，此时，梯度消失和梯度爆炸问题成为训练深层网络的一大障碍，可能导致网络无法收敛。通过在常规网络中引入残差连接，极大地缓解了网络梯度消失的问题。除此之外，残差连接还具有实现简单、计算开销小、对原有网络结构影响小等优点。因此，无论在图像处理领域，还是在自然语言处理领域，现有的很多最先进的深度神经网络都将残差连接作为一种常用技巧。

本文使用的 ResNet50 网络主要包含 1 个输入层，1 个输出层，49 个卷积层，1 个下采样层，1 个全局池化层，1 个全连接层和 1 个 softmax 层。各层的结构和输入输出见表 8-1。

表 8-1　ResNet-50 网络参数

名　　称	输　　入	卷　积　核	步　　长	输　　出
输入层	$224 \times 224 \times 3$	—	—	$224 \times 224 \times 3$
卷积层 1	$224 \times 224 \times 3$	$3 \times 7 \times 7 \times 64$	2	$112 \times 112 \times 64$

（续）

名　　称		输　　入	卷　积　核	步　　长	输　　出
	池化层 1	$112 \times 112 \times 64$	—	2	$56 \times 56 \times 64$
×3	卷积层 2a	$56 \times 56 \times 64$	$64 \times 1 \times 1 \times 64$	1	$56 \times 56 \times 64$
	卷积层 2b	$56 \times 56 \times 64$	$64 \times 3 \times 3 \times 64$	1	$56 \times 56 \times 64$
	卷积层 2c	$56 \times 56 \times 64$	$64 \times 1 \times 1 \times 256$	1	$56 \times 56 \times 256$
×4	卷积层 3a	$56 \times 56 \times 256$	$256 \times 3 \times 3 \times 128$	1	$28 \times 28 \times 128$
	卷积层 3b	$28 \times 28 \times 128$	$128 \times 3 \times 3 \times 128$	1	$28 \times 28 \times 128$
	卷积层 3c	$28 \times 28 \times 128$	$128 \times 3 \times 3 \times 512$	1	$28 \times 28 \times 512$
×6	卷积层 4a	$28 \times 28 \times 512$	$256 \times 3 \times 3 \times 256$	1	$14 \times 14 \times 256$
	卷积层 4b	$14 \times 14 \times 256$	$256 \times 3 \times 3 \times 256$	1	$14 \times 14 \times 256$
	卷积层 4c	$14 \times 14 \times 256$	$256 \times 3 \times 3 \times 1024$	1	$14 \times 14 \times 1024$
×3	卷积层 5a	$14 \times 14 \times 1024$	$256 \times 3 \times 3 \times 512$	1	$7 \times 7 \times 512$
	卷积层 5b	$7 \times 7 \times 512$	$512 \times 3 \times 3 \times 512$	1	$7 \times 7 \times 512$
	卷积层 5c	$7 \times 7 \times 512$	$512 \times 3 \times 3 \times 2048$	1	$7 \times 7 \times 2048$
	池化层 5	$7 \times 7 \times 2048$	—	2	$1 \times 1 \times 2048$
	全连接层	$1 \times 1 \times 2048$	—		1000
	softmax 层	1000	—	—	1000
	输出层	1000	—	—	1000

其中，网络整体上是一个卷积神经网络，随着层数加深，通道数变大，从 64 逐渐增加到 2048；而高和宽逐渐变小，由 224 逐渐减小为 7。但和一般的卷积神经网络不同，在两层之间加入了残差连接，这种结构也可以推广到其他非卷积神经网络的设计中。

8.3　基于 ResNet 的新冠肺炎胸片检测的实现步骤

使用 ResNet 检测新冠肺炎胸片，本质上是图像分类问题，可将输入图片分类为健康或患病。因此，我们可以通过对 MATLAB 中预定义好的 ResNet 网络进行结构微调和再训练来得到想要的网络。

其主要步骤可以分为：

步骤 1：加载图像数据，并将其划分为训练集和验证集。

步骤 2：加载预训练好的网络（ResNet50）。

步骤 3：对网络结构进行调整，替换最后几层。

步骤 4：按照网络配置调整图像数据。

步骤 5：对网络进行训练。

步骤 6：进行测试并查看结果。

不难看出，基本流程类似于"案例 5 AlexNet 卷积神经网络的应用：迁移学习的图像分类"，主要的区别在于数据集和网络结构不同。也就是说，在拥有 X 射线胸片数据的情况下，我们可以用迁移学习的技术来快速实现基于深度神经网络的新冠肺炎分类器。

8.4 ResNet 的加载方法

MATLAB 的深度学习工具箱中提供了一些预训练好的深度神经网络模型，可以方便地下载、安装和加载这些预训练模型。以安装 50 层 ResNet 为例，先直接在命令行窗口输入"resnet50"，如果从未安装过 resnet50 的支持包，则该函数会报错，并在显示的 Add-On Explorer 中提供指向所需支持包的链接。单击 Add-On Explorer 链接，然后单击"安装"。这样就可以下载并安装深度学习工具箱模型中用于 ResNet50 网络的支持包。

安装完成后，通过再次在命令行输入"resnet50"来检查安装是否成功。

例如，可以通过下列语法来把一个预训练好的 resnet50 网络模型保存到 net 中。

```
net = resnet50
```

这是 50 层 ResNet 网络的加载方法，对于其他结构的 ResNet 网络，同样可以通过输入对应语句来安装和调用预训练好的模型。

8.5 对 ResNet 进行调整以实现迁移学习

针对 ImageNet 数据任务预训练好的 ResNet50 网络，其最后三层原本用于对 1000 个类别的物体进行识别，所以针对新的新冠图像分类问题，必须调整这三层。首先从预训练网络中取出除了最后这三层之外的所有层，然后用一个全连接层、一个 Softmax 层和一个分类层替换最后三个层，以此将原来训练好的网络层迁移到新的分类任务上。根据新数据设定新的全连接层的参数，将全连接层的分类数设置为与新数据中的分类数相同。

由于 ResNet50 需要输入的图像大小为 $224 \times 224 \times 3$，这与训练数据的图像大小和验证数据的图像大小不同，因此，还需要对训练数据的图像大小以及测试数据的图像大小进行调整。

8.6 例程实现与解析

本例所用函数前文都已介绍过，这里不再赘述。为了快速实现一个新冠肺炎图片检测网络，我们在预先训练好的 ResNet50 网络基础上进行迁移学习，用很小的改动和很少的训练次数，达到理想的分类结果。训练好的网络将实现对输入图像的识别，其运行效果如图 8-2 和图 8-3 所示，网络的训练及验证过程如图 8-4 所示。请读者结合注释仔细理解。

例程 8-1：基于胸片图像的新冠肺炎判别。

```
**************************************************************************
%%    程序说明

% 实例 8-1
% 功能:基于迁移学习对 ResNet50 网络进行微调,并用新冠肺炎胸片数据集对网络进行再训练,对输入胸片
图像的检测分类

%%步骤 1:加载图像数据,并将其划分为训练集和验证集

% 加载图像数据
dataset_path = 'dataset';
img_ds = imageDatastore(dataset_path,...
    'IncludeSubfolders',true,...
    'LabelSource','foldernames');
total_split = countEachLabel(img_ds);

% 随机显示数据集中的部分图像
num_images = length(img_ds.Labels);
perm = randperm(num_images,6); % 随机打乱 num_images,并取出来前面 6 个
figure;
for idx = 1:length(perm)
    subplot(2,3,idx);
    imshow(imread(img_ds.Files{perm(idx)}));
    title(sprintf('%s',img_ds.Labels(perm(idx))))
end

% 随机取出 5 幅图像作为测试样本,其他作为训练集
test_idx = randperm(num_images,5);
img_ds_Test = subset(img_ds,test_idx);
train_idx = setdiff(1:length(img_ds.Files),test_idx);
img_ds_Train = subset(img_ds,train_idx);
```

%% 步骤 2：加载预训练好的网络

```
% 加载 ResNet50 网络(注：该网络需要提前下载,当输入下面命令时按要求下载即可)
net = resnet50;
```

%% 步骤 3：对网络结构进行调整,替换最后几层

```
% 获取网络图结构
LayerGraph = layerGraph(net);
clear net;

% 确定训练数据中新冠图片标签类别数量:2 类
numClasses = numel(categories(img_ds_Train.Labels));

% 保留 ResNet50 倒数第三层之前的网络,并替换后 3 层
% 倒数第三层的全连接层,这里修改为 2 类
newLearnableLayer = fullyConnectedLayer(numClasses,...
    'Name','new_fc',...
    'WeightLearnRateFactor',10,...
'BiasLearnRateFactor',10);
% 分别替换最后 3 层:fc1000、softmax 和分类输出层
LayerGraph = replaceLayer(LayerGraph,'fc1000',newLearnableLayer);
newSoftmaxLayer = softmaxLayer('Name','new_softmax');
LayerGraph = replaceLayer(LayerGraph,'fc1000_softmax',newSoftmaxLayer);
newClassLayer = classificationLayer('Name','new_classoutput');
LayerGraph = replaceLayer(LayerGraph,'ClassificationLayer_fc1000',newClassLayer);
```

%% 步骤 4：按照网络配置调整图像数据

```
% 输入图像格式转换,这里调用了自定义函数 preprocess
img_ds_Train.ReadFcn = @ (filename)preprocess(filename);
img_ds_Test.ReadFcn  = @ (filename)preprocess(filename);

% 数据增强的参数
augmenter = imageDataAugmenter(...
    'RandRotation',[-5 5],...
    'RandXReflection',1,...
    'RandYReflection',1,...
    'RandXShear',[-0.05 0.05],...
    'RandYShear',[-0.05 0.05]);
% 将批量训练图像的大小调整为与输入层的大小相同
aug_img_ds_train = augmentedImageDatastore([224 224],img_ds_Train,'DataAugmentation',
augmenter);
% 将批量测试图像的大小调整为与输入层的大小相同
aug_img_ds_test = augmentedImageDatastore([224 224],img_ds_Test);
```

%%步骤5：对网络进行训练

```
% 对训练参数进行设置
options = trainingOptions('adam',...
    'MaxEpochs',30,...
    'MiniBatchSize',8,...
    'Shuffle','every-epoch',...
    'InitialLearnRate',1e-4,...
    'Verbose',false,...
    'Plots','training-progress',...
    'ExecutionEnvironment','cpu');

% 用训练图像对网络进行训练
netTransfer = trainNetwork(aug_img_ds_train,LayerGraph,options);
```

%% 步骤6：进行测试并查看结果

```
% 对训练好的网络采用验证数据集进行验证
[YPred,scores] = classify(netTransfer,aug_img_ds_test);

% 随机显示验证效果
idx = randperm(numel(img_ds_Test.Files),4);
figure
for i = 1:4
    subplot(2,2,i)
    I = readimage(img_ds_Test,idx(i));
    imshow(I)
    label = YPred(idx(i));
    title(string(label));
end
```

%% 计算分类准确率

```
YValidation = img_ds_Test.Labels;
accuracy = mean(YPred == YValidation)
```

%% 创建并显示混淆矩阵

```
figure
confusionchart(YValidation,YPred)
```
****
所调用子函数 preprocess.m 的实现代码：
****
%% 程序说明

% 功能:图像转换子函数 preprocess。

```
% 作者:zhaoxch_mail@sina.com

function Iout = preprocess(filename)
% 该函数将 X 射线图像转化为适合 MATLAB 深度神经网络处理的格式

% 读取文件
I = imread(filename);

% 把 RGB 转成灰度图像
if ~ismatrix(I)
    I = rgb2gray(I);
end

% 复制 3 次以创建 RGB 图像
Iout = cat(3,I,I,I);

end
```
****

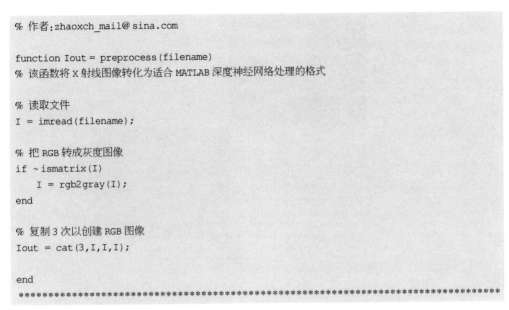

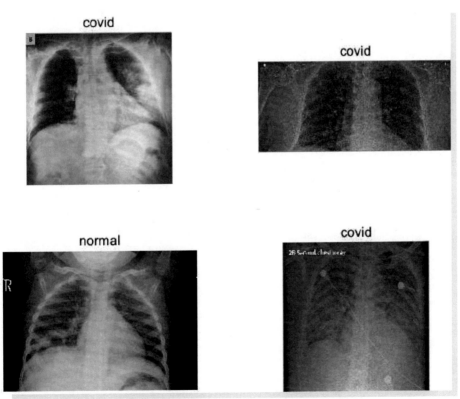

● 图 8-2　随机显示测试图像和分类结果

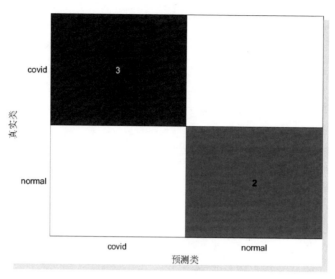

● 图 8-3　混淆矩阵图

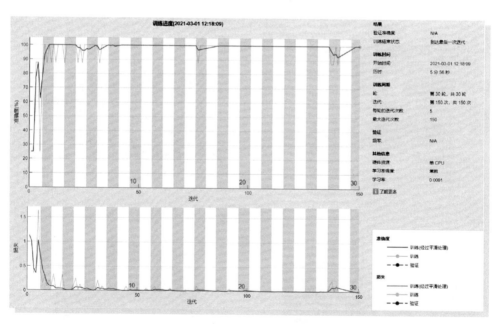

● 图 8-4　网络的训练过程

最后对测试集的识别准确率为 1，即 100%。

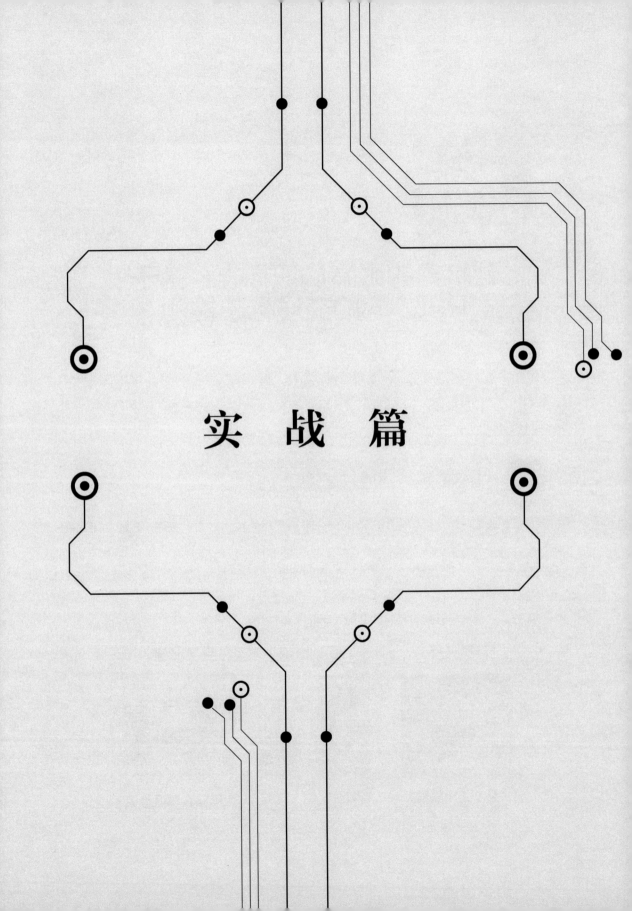

实 战 篇

案例9

▶▶▶▶▶▶

让机器的眼睛认识标志：基于R-CNN的交通标志检测

目标检测是计算机视觉的一个重要领域，如今，基于深度学习的目标检测技术如雨后春笋，蓬勃发展。本章主要介绍基于经典目标检测算法 R-CNN （Regions with CNN features） 的交通标志检测。

9.1 目标分类、检测与分割

在计算机视觉领域，目标分类、检测与分割是常用的技术。它们三者有哪些联系和区别呢？目标分类解决的是图像中的物体"是什么"的问题；目标检测解决的是图像中的物体（可能有多个物体）"是什么""在哪里"这两个问题；目标分割将目标和背景分离，找出目标的轮廓线。

目标分类、检测与分割三者的联系与区别如图9-1所示。

目标分类 **目标检测** **目标分割**

是不是大熊猫？ 有哪些动物？位置？ 大熊猫在哪些像素？

● 图9-1 目标分类、检测与分割三者的联系与区别

因此，衡量目标检测性能优劣的指标一方面要体现其分类特性（如准确率、精确率、召回率），另一方面要体现其定位特征，对于定位特性，我们常用交并比（IoU）来评判。交并比用来计算两个边界框交集和并集之比，它衡量了两个边界框的重叠程度。一般约定，在计算机检测任务中，如果 IoU≥0.5，就说检测正确。IoU 越高，边界框越精确。如果预测器和实际边界框完美重叠，IoU 就是 1，因为交集就等于并集。

9.2 目标检测及其难点问题

目标检测就是找出图像中所有感兴趣的目标（物体），确定它们的种类和位置。由于各类物体有不同的外观、形状、姿态，加上成像时光照、遮挡等因素的干扰，目标检测一直是机器视觉领域最具有挑战性的问题之一；此外，目标检测的难点还包括目标可能出现在图像的任何位置，目标有各种不同的大小，目标可能有各种不同的形状。

传统的目标检测方法以特征提取与匹配为核心，其流程如下。

1）区域选择（穷举策略：采用不同的大小、不同的长宽比对的窗口滑动遍历整幅图像，时间复杂度高）。

2）特征提取（经典的特征提取方法有 SIFT、HOG 等；但角度变化、形态变化、光照变化、背景复杂使得特征鲁棒性差）。

3）通过分类器对所选择区域进行分类（常用的分类器有 SVM、Adaboost 等）。

随着深度学习技术的发展，此类方法逐渐被基于卷积神经网络的深度学习目标检测算法所取代。当前，主流的基于卷积神经网络的深度学习目标检测算法主要包括两大类：一类算法将目标检测划分成两个较为独立的阶段，第一阶段从可能的目标区域里筛选出候选框，从而提取相应的图像特征，第二阶段采用分类器对候选框数据进行处理，从而确定最终的目标边框和类别。第一类算法包括原始经典的 R-CNN、Fast R-CNN、Faster R-CNN，此类算法的优点是目标检测结果准确率高，缺点是由于拆分成独立的两个步骤，影响了算法的运行效率；第二类算法的核心思路是通过一轮图像数据运算，同时确定目标边框和目标类别，此类算法的典型代表是 SDD 和 YOLO，此类算法的优点是运行效率高，但准确率不如第一类算法高。

9.3 R-CNN 目标检测算法的原理及实现过程

2012 年，AlexNet 在 ImageNet 上一鸣惊人，受此启发，科研工作者尝试将 AlexNet 在图像分类上的能力迁移到目标检测上。众所周知，将图像分类网络迁移到目标检测上，主要得解决两个难点问题：

1）如何利用卷积网络去给目标在图像中定位。

2）如何通过小规模数据集训练出较好的效果。

2014 年，Girshick R 等人提出了使用"候选区域 + 卷积神经网络"的方法代替传统目标检测使用的"滑动窗口 + 手工设计特征"的方法，提出了 R-CNN 框架，使得目标检测取得巨大突破，并开启了基于深度学习目标检测的热潮。

R-CNN 利用候选区域（Region Proposal）的方法，解决了图像中的定位问题，这也是该网络被称为 R-CNN 的原因，对于小规模数据集的问题，R-CNN利用 AlexNet 在 ImageNet 上预训练好的模型，基于迁移学习的原理，对参数进行微调。

基于 R-CNN 的进行目标检测的核心思路如图 9-2 所示。

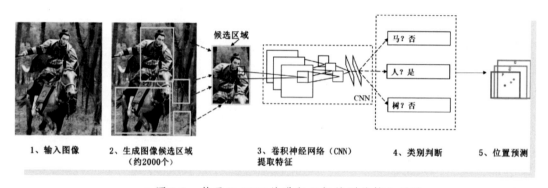

1、输入图像　　2、生成图像候选区域　　3、卷积神经网络（CNN）　　4、类别判断　　5、位置预测
　　　　　　　　　（约2000个）　　　　　提取特征

● 图 9-2　基于 R-CNN 的进行目标检测的核心思路

步骤 1：对于输入图像，通过选择性搜索（Selective Search）算法找到大约 2000 个候选区域。

选择性搜索算法的具体实现过程如下：1）生成初始区域集合；2）计算区域集合中所有相邻区域的相似度（相似度综合考虑了颜色、纹理、尺寸和空间交叠）；3）合并相似度最高的两个区域，并移除所有与这两个区域有关的区域；4）重新计算合并的区域和其他所有区域的相似度并执行合并过程直到结束（达到阈值）。

步骤 2：将候选区的尺寸进行调整，这是因为 CNN 模型中的全连接层需要固定的尺寸输入。

步骤 3：用卷积神经网络提取各候选区域特征。

步骤 4：用支持向量机对候选区域的目标进行种类判别。

步骤 5：对候选区的边框进行预测调整，使预测边框与真实边框更接近。

在目标检测的时候,是在多个候选区域上分别执行的,最终必然会产生大量的预测边框,而我们最终希望得到一个最好的框来确定目标的位置,抑制冗余的矩形框,保留最优边框。具体来说,对于某一个目标,R-CNN 模型框出了很多预测边框,每一矩形框都会有一个对应的分类概率,将它们从大到小排序,然后舍弃掉与最大概率的矩形框重合度高的矩形框,保留剩下来的矩形框;然后再对次大概率的矩形框进行同样操作,直到各预测边框具有较高的分类概率且重合度较低。

从上面的步骤可以看出,对于输入图像,通过选择性搜索确定的候选区域也多达 2000 个左右,这些候选区域都需要进行特征提取、分类、边框位置提取和预测,运算量大、检测速度较慢。

9.4 基于 Image Labeler 的 R-CNN 目标检测器构建

本节通过 MATLAB 中自带 Image Labeler App 来构建 R-CNN 目标检测器,如图 9-3 所示。

● 图 9-3 Image Labeler APP

将本书网盘资料中的名为 stopsign 的文件夹复制到 C 盘的\Documents\MATLAB 的文件夹中(注:MATLAB 安装在不同的盘里,路径可能不同。笔者安装后的路径为 C:\Users\zhaox\Documents\MATLAB)。

单击 Image Labeler 按钮,出现如图 9-4 所示的界面。

如图 9-5 所示,单击 Load 按钮,将 stopsign 文件夹下的所有图片导入。

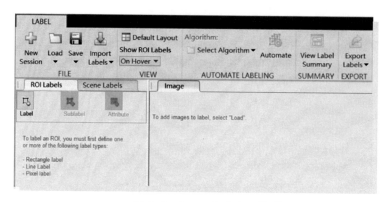

• 图 9-4　Image Labeler 界面

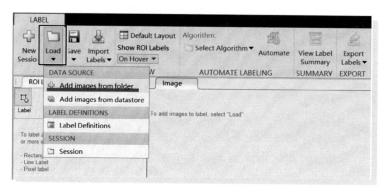

• 图 9-5　导入图片

导入图片之后，采用 Define New ROILabel 工具（见图 9-6）对目标的类别（见图 9-7）和位置（见图 9-8）进行标注。

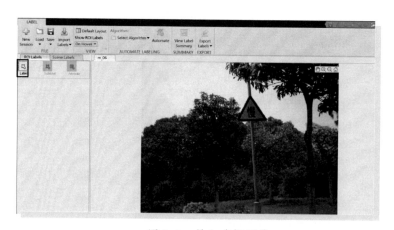

• 图 9-6　导入多幅图像

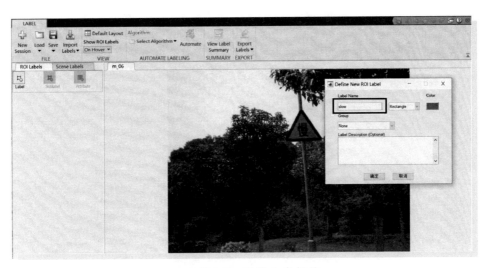

● 图 9-7　设置分类标签

● 图 9-8　标注目标位置

　　依次完成对所有图像的位置和种类的标注（见图 9-9），并单击 ExportLabels，选择 To Workspace，生成 groundTruth 格式的数据，如图 9-10 所示。

　　在完成上述操作后，通过例程 9-1 可实现训练 R-CNN 网络。在运行该程序之前，请将本书网盘资料中的名为 stoptest. jpg 的文件夹复制到 C 盘的 \ Documents \ MATLAB 的文件夹之中（MATLAB 安装在不同的盘里，路径可能不同。笔者安装后的路径为 C：\ Users \ zhaox \ Documents \ MATLAB）。

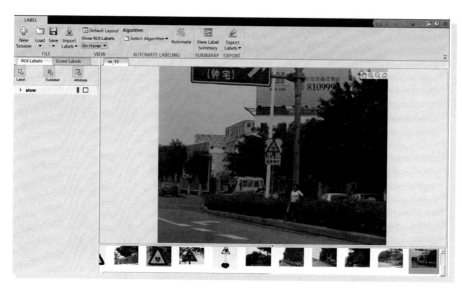

● 图 9-9　依次完成对所有图像的位置和种类的标注

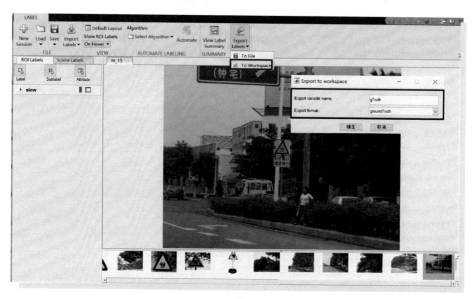

● 图 9-10　将标注的样本导出到工作空间

● 注意

关于 AlexNet 的下载及安装方式，请参加本书的案例 5，在此不做赘述。

例程 9-1: 基于 Image Labeler 输出数据的 R-CNN 目标检测器构建。

```
*************************************************************
%%   程序说明
%  功能:基于 Image Labeler 输出数据的 R-CNN 目标检测器构建
%  作者:zhaoxch_mail@sina.com


%%进行数据类型的转化
trainingdate = objectDetectorTrainingData(gTruth);
%%导入网络
net = alexnet;
%%设置训练策略参数并进行训练
%设置训练策略参数
options = trainingOptions('sgdm', ...
        'MiniBatchSize', 128, ...
        'InitialLearnRate', 1e-3, ...
        'LearnRateSchedule', 'piecewise', ...
        'LearnRateDropFactor', 0.1, ...
        'LearnRateDropPeriod', 100, ...
        'MaxEpochs',10, ...
        'Verbose', true);


%  训练网络
    rcnn = trainRCNNObjectDetector(trainingdate, net, options, ...
    'NegativeOverlapRange',[0 0.3],'PositiveOverlapRange',[0.5 1])


%%显示测试结果
%  读取数据
I = imread('stoptest.jpg');
%  用检测器测试
[bboxes,scores] = detect(rcnn,I);
%  标注测试结果并显示
I = insertObjectAnnotation(I,'rectangle',bboxes,scores);
figure
imshow(I)
*************************************************************
```

在例程 9-1 中, 通过 objectDetectorTrainingData 函数将 groundTruth 格式的数据转换成为可以用于训练的数据。例程 9-1 的运行效果如图 9-11 所示。

●图 9-11　例程 9-1 的运行效果

▶▶▶▶▶▶

让机器的眼睛检测车辆：基于 Video Labeler的车辆目标检测

在本书的案例 9 中，讲解了目标检测的概念及 R-CNN 目标检测算法的原理和实现过程，在此基础上，本章重点介绍如何基于 Video Labeler App 对视频中的车辆进行检测。

本章采用步骤指引式的讲解方式，读者朋友可以按照文中的步骤进行操作，在操作中学习、体会。

10.1 车辆目标检测的需求

【例 10-1】 基于 Video Labeler App 构建设计一个 R-CNN 目标检测深度网络，用于检测图像中的汽车目标。实例需求示意图如图 10-1 所示。

● 图 10-1 实例需求示意图

10.2 利用 Video Labeler 实现车辆目标检测的步骤

步骤 1：将本书网盘资源中的名为 drivingdata. mp4 的视频和名为 cars. png 的图像复制到 C

盘的 \ Documents \ MATLAB 文件夹中。

步骤 2：如图 10-2 所示，单击 Video Labeler 图标，出现如图 10-3 所示的界面。

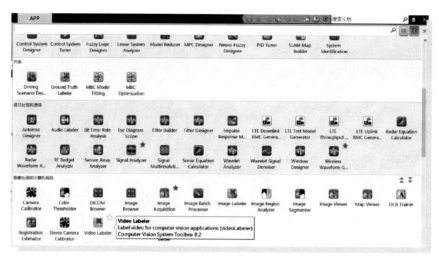

● 图 10-2　实例需求示意图

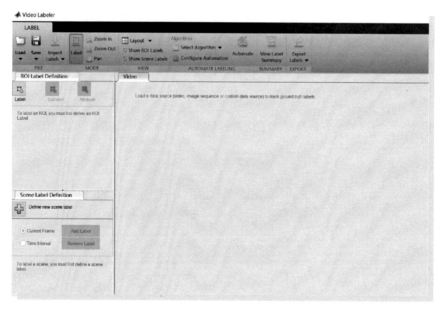

● 图 10-3　Video Labeler 界面

步骤 3：如图 10-4 所示，单击 Load 按钮，导入 drivingdata. mp4 视频。导入待标注视频后，会出现如图 10-5 所示的界面。

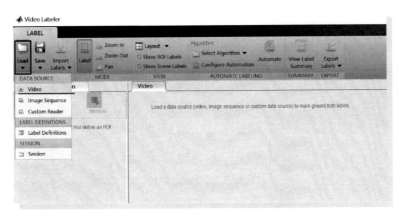

● 图 10-4　导 入 视 频

● 图 10-5　导入视频后的界面

步骤 4：单击 Label 设定标注的类别（见图 10-6），输入 Label Name，比如 car，可以选定标注的形状。

● 图 10-6　设 定 标 注 的 类 别

步骤 5：自动标注需要选择的跟踪算法，可供选择的有 ACF 车辆检测算法、ACF 行人检测算法以及 KLT 光流跟踪算法，在本实例中选择 ACF 车辆检测算法，如图 10-7 所示。

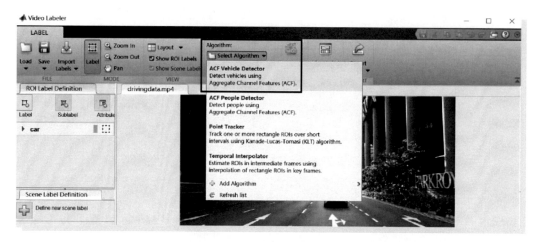

● 图 10-7　选择目标跟踪算法

步骤 6：算法选择好后，设定好时间轴上的标定时间范围，单击工具栏中 Automate 进入自动标注选定界面，标注的过程如图 10-8 所示。

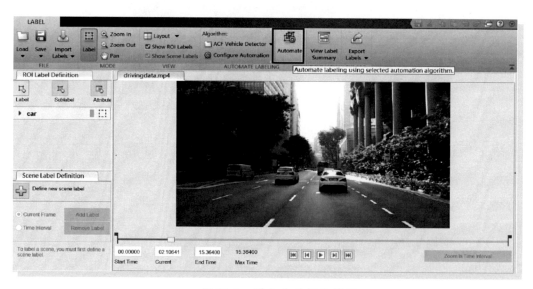

● 图 10-8　进入自动标注界面

自动标注完成后可以单击时间轴中的播放图标查看标注效果，如果效果良好可以单击工具栏中 Accept 完成自动标注。

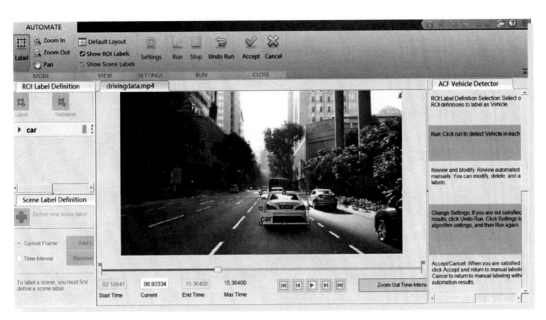

● 图 10-9　自动标注的过程

步骤 7：当自动标注完成后，单击工具栏中的 Export Labels（见图 10-10），生成 groundT-ruth 格式的数据。

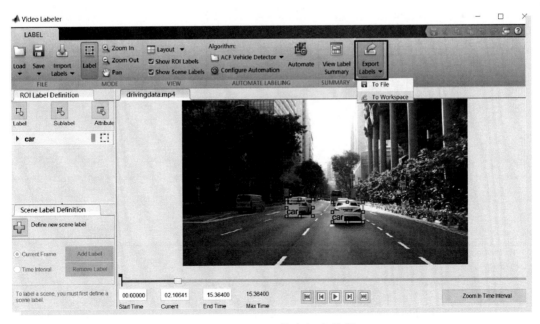

● 图 10-10　导出标注数据

groundTruth 格式包括视频文件路径、标注定义以及一个每帧标注点坐标，如图 10-11 所示。

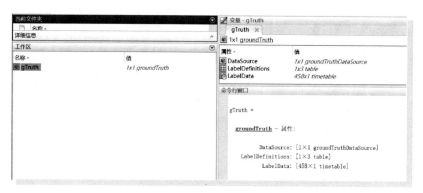

● 图 10-11　groundTruth 格式数据

步骤 8：运行例 10-1 所示的程序，其运行效果如图 10-12 所示。

例程 10-1：基于 Video Labeler 输出数据的 R-CNN 目标检测器构建。

```
****************************************************************
%%    程序说明
% 功能:基于 Video Labeler 输出数据的 R-CNN 目标检测器构建
% 作者:zhaoxch_mail@sina.com

%%    进行数据类型的转化
trainingdate = objectDetectorTrainingData(gTruth);
%%    导入网络
net = alexnet;

%%    设置训练策略参数并进行训练
% 设置训练策略参数
options = trainingOptions('sgdm', ...
        'MiniBatchSize', 128, ...
        'InitialLearnRate', 1e-3, ...
        'LearnRateSchedule', 'piecewise', ...
        'LearnRateDropFactor', 0.1, ...
        'LearnRateDropPeriod', 100, ...
        'MaxEpochs', 2, ...
        'Verbose', true);

% 训练网络.
    rcnn = trainRCNNObjectDetector(trainingdate, net, options, ...
    'NegativeOverlapRange',[0 0.3],'PositiveOverlapRange',[0.5 1])
```

```
%%  显示测试结果
% 读取数据
I = imread('cars.png');
% 用检测器测试
[bboxes,scores] = detect(rcnn,I);
% 标注测试结果并显示
I = insertObjectAnnotation(I,'rectangle',bboxes,scores);
figure
imshow(I)
*********************************************************
```

● 图 10-12　例程 10-1 的运行效果

在例程 10-1 中，通过 objectDetectorTrainingData 函数将 groundTruth 格式的数据转换成为可以用于训练的数据。

让机器的耳朵听明白声音：基于
LSTM的日语元音序列分类示例

本实例演示如何训练一个用于日语元音分类的 LSTM 网络，本实例按照"步骤导引"的思路进行讲解，读者可以在实际操作中进行学习和理解。

11.1　利用 LSTM 实现日语元音序列分类的步骤

步骤 1：加载日语元音数据集。

加载日语元音数据集的具体实现代码如下。

```
[XTrain,YTrain] = japaneseVowelsTrainData;
```

该数据集已经将对应的元音特征提取出来，并为每个序列标注好了一个标签。XTrain 是包含 270 个不同长度的序列的元胞（cell）数组，其特征维度为 12。*Y* 是标签 1，2，…，9 的分类向量。XTrain 中的条目是具有 12 行（每个特征一行）和不同数量的列（每个时间步长一列）的矩阵。

下面我们绘制 270 个时间序列样本中的第一个时间序列，每条线对应一个特征。实现代码如下。

```
figure
plot(XTrain{1}')
title("Training Observation 1")
numFeatures = size(XTrain{1},1);
legend("Feature " + string(1:numFeatures),'Location','northeastoutside')
```

上述代码的运行效果如图 11-1 所示。

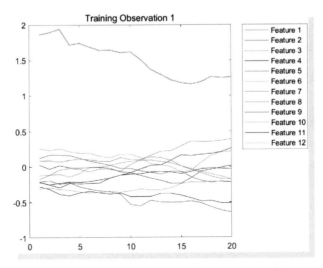

● 图 11-1 绘制其中第一个样本序列的特征

步骤 2:定义 LSTM 网络结构。

所定义的 LSTM 网络的结构为输入的个数为 12,隐藏单元的数量为 100 个,输出的类别为 9 个。实现代码如下。

```
inputSize = 12; % 输入的个数为 12
numHiddenUnits = 100; % 隐藏单元为 100 个
numClasses = 9; % 输出类别为 9 个

layers =[...
    sequenceInputLayer(inputSize)
    lstmLayer(numHiddenUnits,'OutputMode','last')
    fullyConnectedLayer(numClasses)
    softmaxLayer
    classificationLayer]
```

在上述代码中,inputSize 将输入大小设为 12(输入数据的特征数)。numHiddenUnits 将一个 LSTM 层设为拥有 100 个隐藏单元,并输出序列的最后一个元素。最后,通过包含全连接层、softmax 层和分类层的组合来输出 9 个类。代码运行后,命令窗口的显示如下。

```
layers =
  5x1 Layer array with layers:
    1   ''  Sequence Input       Sequence input with 12 dimensions
    2   ''  LSTM                 LSTM with 100 hidden units
    3   ''  Fully Connected      9 fully connected layer
```

```
4  "  Softmax                softmax
5  "  Classification Output  crossentropyex
```

步骤 3：配置训练选项。

在该步骤中，将解算器（Solver）指定为' adam '，' GradientThreshold '设为 1。将小批量（Mini-batch）中包含的样本数设置为 27，并将最大周期数设置为 100。

由于短序列的 Mini-batch 很小，因此 CPU 更适合用于训练。将' ExecutionEnvironment '设置为' cpu '。实现代码如下。

```
maxEpochs = 100;  % 最大周期数为 100
miniBatchSize = 27; % 最小样本数为 27

options = trainingOptions('adam',...
    'ExecutionEnvironment','cpu',...
    'MaxEpochs',maxEpochs,...
    'MiniBatchSize',miniBatchSize,...
    'GradientThreshold',1,...
    'Verbose',false,...
    'Plots','training-progress');
```

步骤 4：使用配置好的训练选项训练 LSTM 网络。实现代码如下。

```
net = trainNetwork(XTrain,YTrain,layers,options);
```

步骤 5：加载测试集。实现代码如下。

```
[XTest,YTest] = japaneseVowelsTestData;
```

步骤 6：对测试数据进行分类。配置与训练相同的 Mini-batch 大小。实现代码如下。

```
YPred = classify(net,XTest,'MiniBatchSize',miniBatchSize);
```

步骤 7：计算预测分类的准确率。实现代码如下。

```
acc = sum(YPred == YTest)./numel(YTest)
```

11.2 日语元音序列分类程序详解

上面介绍了程序各个部分的功能和用到的函数，这里给出程序完整代码，便于读者对照阅读、学习。例程 11-1 的运行效果如图 11-2 所示，命令行窗口显示的精度为 acc = 0. 9378。

例程 11-1：基于 LSTM 的日语元音序列分类。

```
**********************************************************
%%  程序说明
```

```matlab
% 功能:基于 LSTM 的日语元音序列分类
% 作者:zhaoxch_mail@sina.com

% 加载日语元音数据集
[XTrain,YTrain] = japaneseVowelsTrainData;

% 预览其中第一个时间序列
figure
plot(XTrain{1}')
title("Training Observation 1")
numFeatures = size(XTrain{1},1);
legend("Feature " + string(1:numFeatures),'Location','northeastoutside')

% 定义 LSTM 网络结构
inputSize = 12;
numHiddenUnits = 100;
numClasses = 9;

layers =[ ...
    sequenceInputLayer(inputSize)
    lstmLayer(numHiddenUnits,'OutputMode','last')
    fullyConnectedLayer(numClasses)
    softmaxLayer
    classificationLayer]

% 设置训练参数
maxEpochs = 100;
miniBatchSize = 27;

options = trainingOptions('adam', ...
    'ExecutionEnvironment','cpu', ...
    'MaxEpochs',maxEpochs, ...
    'MiniBatchSize',miniBatchSize, ...
    'GradientThreshold',1, ...
    'Verbose',false, ...
    'Plots','training-progress');

% 训练网络
net = trainNetwork(XTrain,YTrain,layers,options);

% 加载测试集
[XTest,YTest] = japaneseVowelsTestData;

% 对测试集分类
```

```
YPred = classify(net,XTest,'MiniBatchSize',miniBatchSize);

%计算准确率
acc = sum(YPred = = YTest)./numel(YTest)
*************************************************************
```

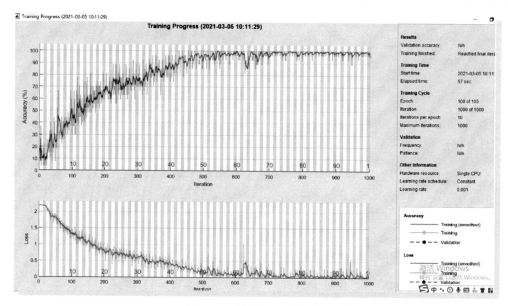

● 图 11-2　例程 11-1 的运行效果

案例12

深度学习助力医学发展：基于Inception-v3 网络迁移学习的视网膜病变检测

▶▶▶▶▶▶

本章将尝试使用深度学习技术来辅助诊断糖尿病性视网膜病变（Diabetic Retinitis，DR）。DR 是糖尿病的严重并发症之一，是糖尿病性微血管病变中最重要的表现。

作为一种具有特异性改变的眼底病变，DR 是导致失明的元凶之一，据称全球有约 9300 万人受此病困扰。因此，我们希望通过深度学习技术来辅助医生进行视网膜病变筛查，实现对 DR 的自动筛查有助于为医生提供重要的参考意见，减轻医生诊疗的负担。尤其对于那些难以进行医学检查的农村地区，可以通过它来帮助人们及早地发现并预防这种疾病。

12.1 Inception-v3 深度网络介绍

论文 *Rethinking the inception architecture for computer vision.* 中同时给出了 Inception v2 和 Inception v3 的设计，对 GoogLeNet 中提出的 Inception V1 进行了改进优化。例如，将 5×5 的卷积分解为两个 3×3 的卷积运算以提升计算速度等。各种 Inception 模块变体如图 12-1 所示。

Inception-v3 网络主要包含 1 个输入层，1 个输出层，9 个 Inception 模块层，2 个卷积层，4 个下采样层，1 个全局池化层，1 个 linear 层和 1 个 softmax 层。各层的结构和输入输出见表 12-1。

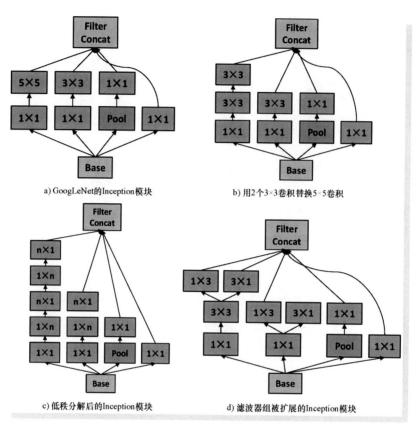

a) GoogLeNet的Inception模块　　　　b) 用2个3×3卷积替换5×5卷积

c) 低秩分解后的Inception模块　　　　d) 滤波器组被扩展的Inception模块

● 图 12-1　各种 Inception 模块变体

表 12-1　Inception-v3 网络参数

	名　称	输　入	卷　积　核	步　长	输　出
	输入层	$299 \times 299 \times 3$	—	—	$299 \times 299 \times 3$
	卷积层 1	$299 \times 299 \times 3$	$3 \times 7 \times 7 \times 32$	2	$149 \times 149 \times 32$
	卷积层 2	$149 \times 149 \times 32$	$32 \times 7 \times 7 \times 32$	1	$149 \times 149 \times 32$
	padding	$149 \times 149 \times 32$	$32 \times 7 \times 7 \times 64$	1	$147 \times 147 \times 64$
	池化层 2	$147 \times 147 \times 64$	—	2	$73 \times 73 \times 64$
	卷积层 3	$73 \times 73 \times 64$	$64 \times 3 \times 3 \times 80$	1	$71 \times 71 \times 80$
	卷积层 4	$71 \times 71 \times 80$	$80 \times 3 \times 3 \times 192$	2	$35 \times 35 \times 192$
	卷积层 5	$35 \times 35 \times 192$	$192 \times 3 \times 3 \times 288$	1	$35 \times 35 \times 288$
图 12-1b	Inception 层 6a	$35 \times 35 \times 288$	—	1	$35 \times 35 \times 288$
	Inception 层 6b	$35 \times 35 \times 288$	—	1	$35 \times 35 \times 288$
	Inception 层 6c	$35 \times 35 \times 288$	—	1	$17 \times 17 \times 768$

（续）

名　　称	输　　入	卷 积 核	步　　长	输　　出
Inception 层 7a	$17 \times 17 \times 768$	—	1	$17 \times 17 \times 768$
Inception 层 7b	$17 \times 17 \times 768$	—	1	$17 \times 17 \times 768$
图 12-1c Inception 层 7c	$17 \times 17 \times 768$	—	1	$17 \times 17 \times 768$
Inception 层 7d	$17 \times 17 \times 768$	—	1	$17 \times 17 \times 768$
Inception 层 7e	$17 \times 17 \times 768$	—	1	$8 \times 8 \times 1280$
图 12-1d Inception 层 8a	$8 \times 8 \times 1280$	—	1	$8 \times 8 \times 1280$
Inception 层 8b	$8 \times 8 \times 1280$	—	1	$8 \times 8 \times 2048$
池化层 8	$8 \times 8 \times 2048$	—	2	$1 \times 1 \times 2048$
linear 层	$1 \times 1 \times 2048$	—		1000
softmax 层	1000	—		1000
输出层	1000	—	—	1000

由表 12-1 可知，随着层数加深，通道数逐渐变大（从 64 增加到 2048），而高和宽则逐渐变小（由 299 减小为 8）。

12.2 Kaggle 竞赛眼疾检测数据集

Kaggle 竞赛为眼疾检测提供了一个 APTOS 2019 数据集，可以通过网址 www. kaggle. com/c/aptos2019-blindness-detection 下载。该数据集由印度 Aravind 眼科医院采集，包括单独的训练集和测试集，其中训练集包含 3662 幅图像，测试集包含 1928 幅图像。训练集由富有经验的医生标注为 5 种不同类别：正常（0）、轻度 DR（1）、中度 DR（2）、重度 DR（3）和增殖性 DR（4）。在 train. csv 中分别将每幅图像对应的类别用数字 0 到 4 进行了标注。

12.3 数据集预处理

原始的数据集为一个 aptos2019-blindness-detection. zip 文件，大小为 9.5GB，我们将其解压到一个名为 train_images 的文件夹下，除了 train_images 中训练集的图像外，还要用到记录图像标注的 train. csv 文件。train. csv 中，第一列 id_codes 为图像名称；第二列 diagnosis 为医生诊断的标注结果，0 到 4 分别依次对应正常、轻度 DR、中度 DR、重度 DR 和增殖性 DR。

我们在本例中只用到其中的 train_images 训练集，并按照正常和 DR 分为 2 类，将正常的图像保存到 No 文件夹中，将所有 DR 图像保存到 Yes 文件夹中。总共有 1805 幅正常图像，1857 幅 DR 图像。

所用分类代码如下。

例程 12-1：按照 train. csv 提供的标注信息，将 train_images 中的图像分类到 Yes 和 No 文件夹中。

```
****************************************************************
%%   程序说明

% 功能:按照 train.csv 提供的标注信息,将 train_images 中的图像分类到 Yes 和 No 文件夹中

close all
clear all
clc

% 训练图像路径
datapath = 'train_images\';
datapath_train_images = 'train_images\train_images\';

% 存放分类图像的路径
two_class_datapath = 'Train Dataset Two Classes\';

% 类名
class_names = {'No','Yes'};
mkdir(sprintf('%s%s',two_class_datapath,class_names{1}))
mkdir(sprintf('%s%s',two_class_datapath,class_names{2}))

% 读取图像标签
[num_data,text_data] = xlsread([datapath,'train.csv']);

% 取出图像标签
% train_labels = num_data(:,1);
train_labels = num_data(:,2);% 因为 Excel 里面少量纯数字的项目会被识别为 num_data,并放在
第 1 列,所以这里读取第 2 列

% 为了将所有不同程度的 DR 图像合并存放到' Yes '目录下,这里分成 2 类
train_labels(train_labels ~ =0) = 2;
% 其他正常图像存放在' No '目录下
train_labels(train_labels = =0) = 1;

% 图像文件名
filename = text_data(2:end,1);
```

```
% 找出为空的部分,就是文件名全为数字,被识别成了数,而不是字符串
pure_num_idx = find(0 = = isnan(num_data(:,1)));

% 将所有 DR 图像保存,不同程度的 DR 图像合并存放到'Yes'目录下,而将其他正常图像存放在'No'目录下
for idx = 1:length(filename)

    % 下面语句可以帮助查看分类进度,不需要时可以注释掉
    %fprintf('Processing %d among %d files:%s \n',idx,length(filename),filename{idx});


    % 跳过未正确识别的文件名
    iii = 0;
    for i_test = 1:length(pure_num_idx)
        if idx = = pure_num_idx(i_test)
            iii = 1;
            break;
        end
    end
    if iii = = 1
        continue;
    end

    % 读取图像
    current_filename = strrep(filename{idx}, char(39), '');
    img = imread(sprintf('%s%s.png',datapath_train_images,current_filename));

    % 将不同类型图像分别写入不同文件夹中
    imwrite(img,sprintf('%s%s%s%s.png',two_class_datapath,class_names{train_labels
(idx)},'\',current_filename));

    clear img;

end
**************************************************************************
```

需要注意的是，由于 train. csv 将命名识别为数字，其中有 14 幅图 MATLAB 无法正确读取
(见表 12-2)，我们可以手动将其保存到对应的文件夹中，这不影响后续处理。

表 12-2　无法正确读取的图像

图像文件名	DR 标签	所属文件夹
0709652336e2	0	No
1943983492e5	2	Yes
232549883508	2	Yes

（续）

图像文件名	DR 标签	所属文件夹
2927665214e1	0	No
389552047476	0	No
441117562359	2	Yes
535682537302	0	No
549381330191	0	No
595446774178	1	Yes
721214151233	0	No
891329021e12	0	No
921433215353	2	Yes
934104859e68	0	No
946545473380	0	No

至此，总共有 1805 幅正常图像保存在 No 文件夹中，1857 幅 DR 图像保存在 Yes 文件夹中。我们将在下面的实验中使用这些分好类的图像。

12.4 在 Inception-V3 上应用迁移学习实现 DR 图像分类

本例在 Inception-V3 上应用迁移学习来分类 DR 图像，由于前文已经介绍过有关 Inception-V3 网络的知识，此处不再赘述。使用 Inception-V3 检测 DR 图像，本质上也是图像分类问题，可将输入图片分类为正常（No）或患病（Yes）。因此，我们可以通过对 MATLAB 中预定义好的 Inception-V3 网络进行结构调整，将输出类别调整为 2 类，并进行微调（Fine Tuning）训练来得到想要的 DR 图像分类网络。

其主要步骤可以分为：

步骤 1：加载图像数据，并将其划分为训练集和验证集。

步骤 2：按照网络配置调整图像数据。

步骤 3：加载预训练好的网络（Inception-V3）。

步骤 4：对网络结构进行调整，根据类别数替换最后几层。

步骤 5：训练网络。

步骤 6：进行测试并查看结果。

通过使用 DR 数据集，我们在预训练好的 Inception-V3 上执行迁移学习，将 Inception-V3 中学到的知识迁移到 DR 识别中，以此快速实现基于深度神经网络的 DR 图像分类器。

针对 ImageNet 数据任务预训练好的 Inception-V3 网络，其最后三层原本用于对 1000 个类别的物体进行识别，所以针对新的图像分类问题，必须调整这三层。我们首先从预训练网络中取出除了最后这三层之外的所有层，然后用一个全连接层、一个 Softmax 层和一个分类层替换最后三个层，以此将原来训练好的网络层迁移到新的分类任务上。根据新数据设定新的全连接层的参数，将全连接层的分类数设置为与新数据中的分类数相同。

由于 Inception-V3 需要输入的图像大小为 $299 \times 299 \times 3$，这与训练数据的图像大小和验证数据的图像大小不同，因此，还需要对训练数据的图像大小以及测试数据的图像大小进行调整。

12.5 例程实现与解析

本例所用函数前文都已介绍过，这里不再赘述。为了快速实现一个 DR 图片分类网络，我们在预先训练好的 Inception-V3 网络基础上进行迁移学习，以期用很小的改动和很少的训练次数，达到理想的分类结果。在第 12.3 小节中预处理后的图像如图 12-2 所示；网络的训练过程如图 12-3 所示；训练好的网络将实现对输入图像的识别，网络的测试结果如图 12-4 和图 12-5 所示。请读者结合注释仔细理解。

例程 12-2：基于 Inception-v3 网络迁移学习的视网膜病变检测。

```
****************************************************************
% 清理工作区,关闭打开的窗口
close all
clear all
clc


%% 步骤1:加载图像数据,并将其划分为训练集和验证集
% 存放数据集的文件路径
two_class_datapath = 'Train Dataset Two Classes';
% ImageDatastore
imds = imageDatastore(two_class_datapath,...
    'IncludeSubfolders',true,...
    'LabelSource','foldernames');
% 全部数据,后面要将其划分为训练、验证和测试集
total_split = countEachLabel(imds);

% 图像数量
num_images = length(imds.Labels);
% 随机显示20幅图像
perm = randperm(num_images,20);
```

```matlab
figure;
for idx = 1:20

    subplot(4,5,idx);
    imshow(imread(imds.Files{perm(idx)}));
    title(sprintf('%s',imds.Labels(perm(idx))))

end

% 划分训练集和测试集
train_percent=0.80;
[imdsTrain,imdsTest] = splitEachLabel(imds,train_percent,'randomize');

% 划分训练集和验证集
valid_percent = 0.1;
[imdsValid,imdsTrain] = splitEachLabel(imdsTrain,valid_percent,'randomize');

%% 步骤 2:按照网络配置调整图像数据
% 将图像大小变换为适合网络处理的大小
augimdsTrain = augmentedImageDatastore([299 299],imdsTrain);
augimdsValid = augmentedImageDatastore([299 299],imdsValid);
% 配置训练参数
options = trainingOptions('adam','MaxEpochs',2,'MiniBatchSize',32,...
    'Plots','training-progress','Verbose',0,'ExecutionEnvironment','parallel',...
    'ValidationData',augimdsValid,'ValidationFrequency',50,'ValidationPatience',3);

%% 步骤 3:加载预训练好的网络( Inception-V3)
% 加载预训练网络
net = inceptionv3;
incepnet = layerGraph(net);
numClasses = numel(categories(imdsTrain.Labels));

%% 步骤 4:对网络结构进行调整,根据类别数替换最后几层
% 原来的 Inception-V3 分类 1000 个类,这里分类 2 类,重新定义一下
% 保留 Inception-V3 倒数第三层之前的网络,并替换后 3 层
% 倒数第三层的全连接层,这里修改为 2 类
newLearnableLayer = fullyConnectedLayer(numClasses,...
    'Name','new_predictions',...
    'WeightLearnRateFactor',1,...
    'BiasLearnRateFactor',1);
incepnet = replaceLayer(incepnet,'predictions',newLearnableLayer);
newSoftmaxLayer = softmaxLayer('Name','new_softmax');
incepnet = replaceLayer(incepnet,'predictions_softmax',newSoftmaxLayer);
newClassLayer = classificationLayer('Name','new_classoutput');
```

```
incepnet = replaceLayer(incepnet,'ClassificationLayer_predictions',newClassLayer);

%% 步骤 5:训练网络
netTransfer = trainNetwork(augimdsTrain,incepnet,options);

%% 步骤 6:进行测试并查看结果
% 将图像大小变换为适合网络处理的大小
augimdsTest = augmentedImageDatastore([299 299],imdsTest);
% 预测测试集图像的类别
[predicted_labels,posterior] = classify(netTransfer,augimdsTest);
% 标准答案的标签
actual_labels = imdsTest.Labels;
% 混淆矩阵
figure
plotconfusion(actual_labels,predicted_labels)
title('Confusion Matrix: Inception v3');

% ROC 曲线
test_labels = double(nominal(imdsTest.Labels));
[fp_rate,tp_rate,T,AUC] = perfcurve(test_labels,posterior(:,2),2);
figure;
plot(fp_rate,tp_rate,'b-');
hold on;
grid on;
xlabel('False Positive Rate');
ylabel('Detection Rate');
**************************************************************************
```

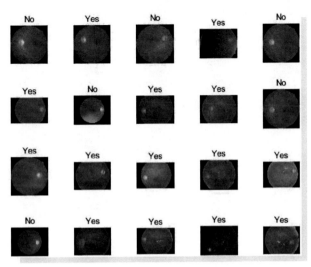

● 图 12-2　随机显示数据集中的图像和预处理后的标注结果

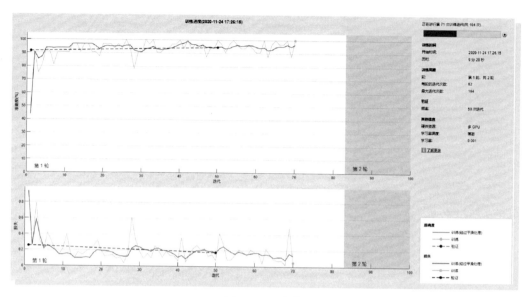

● 图 12-3 训练过程

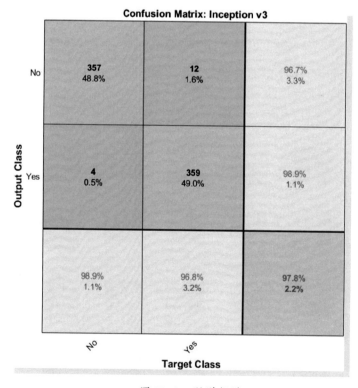

● 图 12-4 混淆矩阵

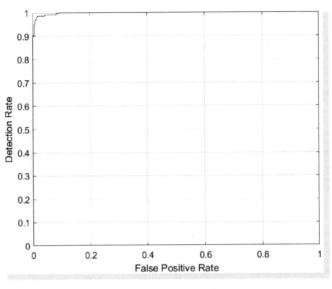

● 图 12-5　ROC 曲线

通过训练，网络达到了一个较好的性能，可以在前期 DR 筛查和辅助医生诊断上发挥作用。

12.6　通过类激活映射来辅助诊断

以上实验能够直接给出分类结果，但是 "Yes" 或 "No" 的结果所包含的信息太少。为了更好地辅助医生进行诊断，我们可以进一步查看将深度神经网络靠近末端网络层的激活，并将其叠加到原始图像上，这种方法称为类激活映射（Class Activation MApping，CAM），即将激活映射和原始图像进行线性求和。经过充分训练的网络会重点关注那些对最终决策有重要作用的区域，这些区域往往也能给诊断提供有意义的参考价值。需要在 C 盘的 \ Documents \ MATLAB 文件夹中建立一个新建文件夹，并命名为 "CAM_ results"。

例程 12-3：通过类激活映射来辅助诊断。

```
**********************************************************************
classes = netTransfer.Layers(end).Classes;
% 计算激活
imageActivations = activations(netTransfer,augimdsTest,'mixed10');
```

```matlab
fcWeights = netTransfer.Layers(end-2).Weights;
fcBias = netTransfer.Layers(end-2).Bias;

figure(1)
for kk = 1:length(augimdsTest.Files)
    scores = squeeze(mean(imageActivations(:,:,:,kk),[1 2]));

    fcWeights = netTransfer.Layers(end-2).Weights;
    fcBias = netTransfer.Layers(end-2).Bias;
    scores =   fcWeights* scores + fcBias;

    [ ~,classIds] = maxk(scores,2);

    weightVector = shiftdim(fcWeights(classIds(1),:),-1);
    classActivationMap = sum(imageActivations(:,:,:,kk).* weightVector,3);

    scores = exp(scores)/sum(exp(scores));
    maxScores = scores(classIds);
    labels = classes(classIds);
    % labels = classes(posterior(:,kk));

    im = imread(augimdsTest.Files{kk});
    imResized = imresize(im,[299, NaN]);

    subplot(1,2,1)
    imshow(imResized)

subplot(1,2,2)
% 计算 CAM
    CAMshow(imResized,classActivationMap)
    title(string(labels) + ", " + string(maxScores));

    drawnow
    saveas(gcf,['CAM_results/',int2str(kk)],'png');
end
```

****
其中调用到的 CAMshow 函数实现：
****

```matlab
function CAMshow(im,CAM)

imSize = size(im);
CAM = imresize(CAM,imSize(1:2));
CAM = normalizeImage(CAM);
CAM(CAM<0.2) = 0;
cmap = jet(255).* linspace(0,1,255)';
```

```
CAM = ind2rgb(uint8(CAM*255),cmap)*255;

combinedImage = double(rgb2gray(im))/2 + CAM;
combinedImage = normalizeImage(combinedImage)*255;
imshow(uint8(combinedImage));
end

function N = normalizeImage(I)
minimum = min(I(:));
maximum = max(I(:));
N = (I-minimum)/(maximum-minimum);
end
```

运行上述代码后，可以将所有图像及其 CAM 结果进行显示和保存。随机取出其中两幅所得图像：图 12-6 为正常视网膜图像，视网膜中没有注意到明显病变；图 12-7 为 DR 病变图像，视网膜中注意到病变区域。

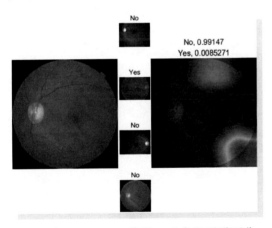

● 图 12-6　CAM 结果：正常视网膜图像

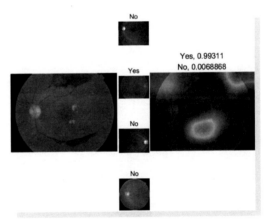

● 图 12-7　CAM 结果：DR 病变图像

案例13

▶▶▶▶▶▶

知己知彼：深度神经网络的脆弱性及AI对抗技术

近年来，深度神经网络发展非常迅速，在识别、分类等领域也取得了瞩目的成绩，但其存在不稳定、泛化能力不足的问题。本章主要让读者体会深度神经网络的脆弱性以及了解 AI 对抗技术。

13.1 深度神经网络的脆弱性

目前，图像识别领域主流的方法是基于深度神经网络的图像识别，其识别的准确率相比之前的技术有了飞跃性的进步。但是，深度神经网络具有某些特定的脆弱性，非常容易受到"攻击"，仅需对图像添加很轻微的扰动，在人类视觉无法察觉情况下，却可以造成图像识别的严重错误。我们可以通过例程 13-1 体会一下。

输入一幅图片（将本书网盘资料中名为 goldfish. jpg 的图像复制到 C：\我的文档\ MATLAB 文件夹下，由于版本及安装路径不同，MATLAB 文件夹的路径也不相同，请读者按照自己计算机上安装 MATLAB 的实际情况进行操作），采用 GoogLeNet 对其进行分类，然后，添加椒盐噪声后，再用 GoogLeNet 对其进行分类。例程 13-1 的运行效果如图 13-1 所示。

例程 13-1：基于 GoogLeNet 卷积神经网络对图像及添加噪声的图像分类。

```
************************************************************
%%    程序说明
% 功能:基于 GoogLeNet 卷积神经网络对图像及添加噪声的图像分类
% 作者:zhaoxch_mail@ sina.com

%%    导入预训练好的 GoogLeNet,并确定该网络输入图像的大小以及分类种类的名称
net = googlenet ;   % 将 GoogLeNet 导入工作区
```

```
inputSize = net.Layers(1).InputSize;          % 获取 GoogLeNet 输入层中输入图像的大小
classNames = net.Layers(end).ClassNames;       % 获取 GoogLeNet 输出层中的分类

%% 读入 RGB 图像,改变图像大小,并添加噪声
I = imread('goldfish.jpg');
figure
imshow(I)
I = imresize(I,inputSize(1:2));
J = imnoise(I,'salt & pepper',0.2);    %添加椒盐噪声

%% 基于 GoogLeNet 对输入的图像及添加噪声后的图像进行分类
[label1,scores1] = classify(net,I);
[label2,scores2] = classify(net,J);

%% 在图像上显示分类结果及概率
figure
imshow(I)
title(string(label1) + ", " + num2str(100 * scores1(classNames = = label1),3) + "%");

figure
imshow(J)
title(string(label2) + ", " + num2str(100 * scores1(classNames = = label2),3) + "%");
*******************************************************************
```

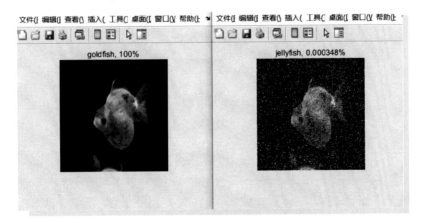

● 图 13-1　例程 13-1 的运行效果

通过图 13-1 可知, 金鱼图片添加了椒盐噪声后, 便被 GoogLeNet 识别成了水母 (Jelly-Fish)。

如图 13-2 所示, 2014 年, Ian J. Goodfellow 等人研究发现, 对于一张熊猫的图片, 增加人为设计的微小噪声之后, 人眼对扰动前后两张图片基本看不出区别, 而人工智能模型却会以

99.3% 的概率将其错判为长臂猿。

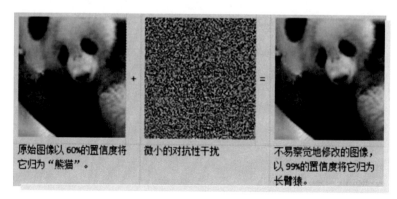

● 图 13-2　熊猫图片 + 微小干扰，被识别成为长臂猿

　　在国外，科研工作者还做了这样一项实验，如图 13-3 所示，在表示"停止"的速度牌上稍加"装饰"，便被深度神经网络识别为"速度限制为 45km/h"，由此看见，深度神经网络极易受到"攻击"。

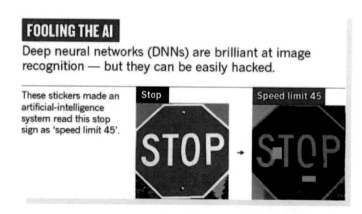

● 图 13-3　深度神经网络易被"攻击"

13.2　AI 对抗技术及其发展趋势

　　随着人工智能技术的快速发展，机器学习、深度学习的算法被应用到许多复杂领域，如图像识别、自然语言处理、人脸识别等，在这些领域机器已经达到了和人类相似、甚至是超过人类的准确性。但是有研究发现，深度学习很容易受到微小输入扰动的干扰，这些干扰人类无法察觉却会引起机器的错误，因此，研究 AI 对抗技术对于提高深度学习算法安全性有着重要意义。

对抗深度学习模型的过程中，按照攻击者对目标模型的内部细节了解程度，可以分为白盒攻击和黑盒攻击。两者的区别在于：白盒攻击者能够获得深度学习模型的参数架构和训练集等信息；而黑盒攻击者则受到更多约束，往往只能通过查询访问模型，并且只能获得模型的分类结果而无法获取其他任何信息，相对应的攻击难度也要大幅提升。目前，白盒攻击样本生成方法已经发展的比较成熟，即攻击者在对想要攻击的目标模型有着充分了解的情况下，通过获取目标模型的参数、结构和训练数据等信息来实现攻击，这种攻击可以达到一个很高的成功率。但由于深度学习的应用往往是远程部署，只能有访问权限而得不到详细的内部信息，所以在实际情况下白盒攻击的实用性并不高。因此，黑盒攻击方法对于攻击深度学习模型更加符合现实情况。

研究对深度网络进行欺骗行为的技术叫作 AI 对抗技术。近几年，基于图像的 AI 对抗技术成了深度学习领域的一个新研究方向，在该项技术中，欺骗行为指的是对抗样本针对模型的欺骗，对抗样本是指攻击方在"干净"的样本上通过添加人为故意生成的细微扰动所形成的干扰样本，将其输入到模型中会导致模型以较高置信度给出错误结果。

之所以深度神经网络中有对抗样本的存在，是因为其自身存在着漏洞。对抗样本的存在对深度神经网络的发展起着积极作用。对抗样本的出现指出了深度神经网络存在的漏洞。对抗样本想要成功欺骗深度神经网络，就必须用更先进的技术伪装自己。深度神经网络要想能够防御对抗样本，就要从各个方面加强防御，提高鲁棒性。最终的结果是深度神经网络将变得更加健壮、成熟。

另一个方面，如果机器学习模型没有足够的安全防御措施，直接将机器学习技术投入工业界使用，将可能造成严重的安全事故。然而，想找到一种能够抵抗各种对抗样本攻击的防御方法却非常困难。对抗样本作为近些年机器学习的热门研究方向，每年新的对抗样本防御方法有很多，但是这些防御方法很快都被新的攻击方法所攻破。

此外，还出现了针对训练阶段学习模型进行的攻击，即"毒化攻击"。将训练数据或训练过程改动之后，使得训练出来的模型出现错误分类的现象。

从哲学的角度看，人工智能和 AI 对抗技术是一个事物的两个方面，相互制约又相互促进。

识音辨意：基于深度学习的
语音识别

▶▶▶▶▶▶

本章将会训练一个深度学习网络来识别语音指令，深度网络采用 CNN，数据集是 Speech Commands Dataset。本章采用步骤指引的讲解方式，读者朋友可以按照文中的步骤进行操作，在操作中学习、体会。

14.1 下载 Speech Commands Dataset 数据集

下列代码将会下载 1.5GB 的音频数据，并将其解压到本实例的根目录，如图 14-1 所示。

```
url = 'https://storage.googleapis.com/download.tensorflow.org/data/speech_commands_v0.01.tar.gz';

%downloadFolder = tempdir;
downloadFolder = pwd;
datasetFolder = fullfile(downloadFolder,'google_speech');

if ~exist(datasetFolder,'dir')
    disp('Downloading speech commands data set (1.5 GB)...')
    untar(url,datasetFolder)
end
```

● 图 14-1　将音频数据解压到本实例根目录的程序截图

解压后的数据集共有 2GB 左右，若同时加载很可能占用大量内存使运算卡顿。MATLAB 提供了一系列的 datastore 对数据集进行管理和操作，datastore 仅记录数据集的索引和标签，而只在需要时，才会去加载对应的样本。如下面代码所示，采用音频专用的 audioDatastore，自动把样本文件夹下的各个子文件夹中数据建立索引数据集，而后自动以每个子文件夹名字作为其中各样本的标签。

```
ads = audioDatastore(datasetFolder,...
    'IncludeSubfolders',true,...
    'FileExtensions','.wav',...
    'LabelSource','foldernames')
```

14.2 标注数据集

数据集中包含了多种的音频，其中有控制命令类型的音频，如 ["yes","no","up","down","left","right","on","off","stop","go"]，还有非控制类型的音频。我们将控制命令的音频标注为将要识别的语音"isCommand"，非控制类型的标注为"isUnknown"。用以下代码对数据进行标注，并统计标注结果。

```
commands = categorical(["yes","no","up","down","left","right","on","off","stop","go"]);

isCommand = ismember(ads.Labels,commands);
isUnknown = ~ ismember(ads.Labels,[commands,"_background_noise_"]);

includeFraction = 0.2;
mask = rand(numel(ads.Labels),1) < includeFraction;
isUnknown = isUnknown & mask;
ads.Labels(isUnknown) = categorical("unknown");

adsSubset = subset(ads,isCommand|isUnknown);
countEachLabel(adsSubset)
```

上述程序的运行效果为：

ans = 11 × 2 table

	Label	Count
1	down	2359
2	go	2372
3	left	2353
4	no	2375
5	off	2357
6	on	2367
7	right	2367
8	stop	2380
9	unknown	8171
10	up	2375
11	yes	2377

* Label 和 每个 Label 下的数量

14.3 划分训练集、验证集和测试集

数据集中有两个文件 testing_list. txt 和 validation_list. txt，两个文件预先选好了测试集数据和验证集数据，我们根据这两个文件的内容准备测试集和验证集，实现代码如下。

```
files = adsSubset. Files;
sf = split(files,filesep);
isValidation = ismember(sf(:,end-1) + "/" + sf(:,end),filesValidation);
isTest = ismember(sf(:,end-1) + "/" + sf(:,end),filesTest);

adsValidation = subset(adsSubset,isValidation);%验证集
adsTrain = subset(adsSubset, ~isValidation & ~isTest);%训练集
```

14.4 对音频原始文件预处理

1. 时域转频域

音频信号本质上是不同频率的波进行叠加，所以将音频由时域转换成频域有助于特征的分离。实现代码如下。

```
afe = audioFeatureExtractor(...
    'SampleRate',fs,...
    'FFTLength',FFTLength,...
    'Window',hann(frameSamples,'periodic'),...
    'OverlapLength',overlapSamples,...
    'barkSpectrum',true);
setExtractorParams(afe,'barkSpectrum','NumBands',numBands);
```

上述代码的运行效果如图 14-2 所示。

2. 添加背景噪声

模型应该不仅仅能识别有意义的输入，同时也要能处理"静音"和"噪声"这种现实中存在的情况。数据集中包含有_background_noise_ 文件夹，里面有一些录制好的背景噪声。代码如下。

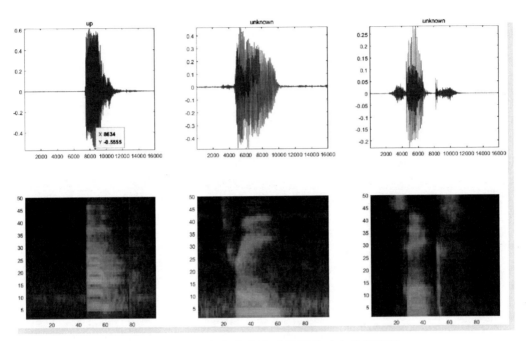

● 图 14-2　音频信号的时域图及对应的频域图

```
adsBkg = subset(ads,ads.Labels = ="_background_noise_");
numBkgClips = 4000;
if reduceDataset
    numBkgClips = numBkgClips/20;
end
volumeRange = log10([1e-4,1]);

numBkgFiles = numel(adsBkg.Files);
numClipsPerFile = histcounts(1:numBkgClips,linspace(1,numBkgClips,numBkgFiles +1));
Xbkg = zeros(size(XTrain,1),size(XTrain,2),1,numBkgClips,'single');
bkgAll = readall(adsBkg);
ind = 1;

for count = 1:numBkgFiles
    bkg = bkgAll{count};
    idxStart = randi(numel(bkg)-fs,numClipsPerFile(count),1);
    idxEnd = idxStart + fs-1;
    gain = 10.^((volumeRange(2)-volumeRange(1)) * rand(numClipsPerFile(count),1) + volumeRange(1));
    for j = 1:numClipsPerFile(count)

        x = bkg(idxStart(j):idxEnd(j)) * gain(j);
```

```
        x = max(min(x,1),-1);

        Xbkg(:,:,:,ind) = extract(afe,x);

        if mod(ind,1000) ==0
            disp("Processed " + string(ind) + " background clips out of " + string(numBkg-
Clips))
        end
        ind = ind + 1;
    end
end
Xbkg = Xbkg/unNorm;
Xbkg = log10(Xbkg + epsil);
```

14.5 建立网络

这里建立一个较小规模的网络，网络共有五部分：每部分中包含有卷积层、批归一化层、激活层，每部分之间用池化层相连接。如果想要提升网络的精度，可以增加网络的深度。需要注意的是，增加深度也会增加模型的大小和推理时间。构建网络结构的代码如下。

```
layers =[
    imageInputLayer([numHops numBands])

    convolution2dLayer(3,numF,'Padding','same')
    batchNormalizationLayer
    reluLayer

    maxPooling2dLayer(3,'Stride',2,'Padding','same')

    convolution2dLayer(3,2*numF,'Padding','same')
    batchNormalizationLayer
    reluLayer

    maxPooling2dLayer(3,'Stride',2,'Padding','same')

    convolution2dLayer(3,4*numF,'Padding','same')
    batchNormalizationLayer
```

```
    reluLayer

    maxPooling2dLayer(3,'Stride',2,'Padding','same')
    convolution2dLayer(3,4*numF,'Padding','same')
    batchNormalizationLayer
    reluLayer
    convolution2dLayer(3,4*numF,'Padding','same')
    batchNormalizationLayer
    reluLayer

    maxPooling2dLayer([timePoolSize,1])

    dropoutLayer(dropoutProb)
    fullyConnectedLayer(numClasses)
    softmaxLayer
weightedClassificationLayer(classWeights)];
```

14.6 训练网络

在本实例中网络训练策略使用 Adam Optimizer，mini-batch 为 128，一共训练 25 个 epochs，在第 20 个 epochs 之后将学习率降低为原来的 1/10。具体实现代码如下。

```
miniBatchSize = 128;
validationFrequency = floor(numel(YTrain)/miniBatchSize);
options = trainingOptions('adam',...
    'InitialLearnRate',3e-4,...
    'MaxEpochs',25,...
    'MiniBatchSize',miniBatchSize,...
    'Shuffle','every-epoch',...
    'Plots','training-progress',...
    'Verbose',false,...
    'ValidationData',{XValidation,YValidation},...
    'ValidationFrequency',validationFrequency,...
    'LearnRateSchedule','piecewise',...
    'LearnRateDropFactor',0.1,...
    'LearnRateDropPeriod',20);
```

网络训练效果如图 14-3 所示。

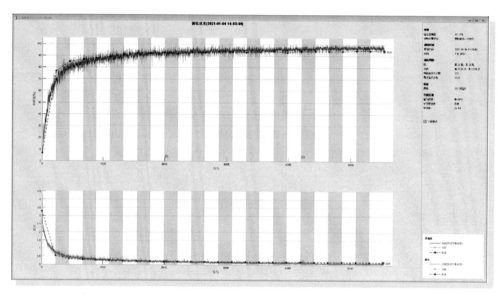

● 图 14-3　训练结果

14.7　评价最终结果

在训练集和验证集得到的最终误差为 1.7426% 和 5.8547%，图 14-4 所示是混淆矩阵图。

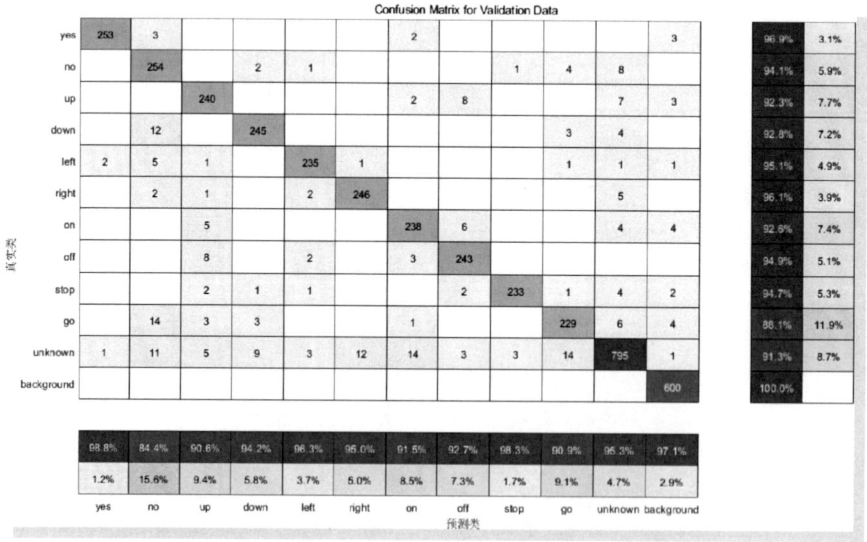

Confusion Matrix for Validation Data

	yes	no	up	down	left	right	on	off	stop	go	unknown	background		
yes	253	3					2					3	96.9%	3.1%
no		254		2	1			1	4	8			94.1%	5.9%
up			240				2	8			7	3	92.3%	7.7%
down		12		245				3	4				92.8%	7.2%
left	2	5	1		235	1			1	1	1		95.1%	4.9%
right		2	1		2	246				5			96.1%	3.9%
on		5					238	6			4	4	92.6%	7.4%
off		8		2			3	243					94.9%	5.1%
stop		2	1				2		233	1	4	2	94.7%	5.3%
go		14	3	3			1			229	6	4	88.1%	11.9%
unknown	1	11	5	9	3	12	14	3	3	14	795	1	91.3%	8.7%
background												600	100.0%	
	98.8%	84.4%	90.6%	94.2%	96.3%	95.0%	91.5%	92.7%	98.3%	90.9%	95.3%	97.1%		
	1.2%	15.6%	9.4%	5.8%	3.7%	5.0%	8.5%	7.3%	1.7%	9.1%	4.7%	2.9%		

真实类

预测类

● 图 14-4　混淆矩阵

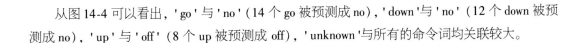

从图 14-4 可以看出，'go'与'no'（14 个 go 被预测成 no），'down'与'no'（12 个 down 被预测成 no），'up'与'off'（8 个 up 被预测成 off），'unknown'与所有的命令词均关联较大。

14.8 网络的大小与单次推理时间

当一个网络训练完成后，准确率并不是唯一的评价指标。要根据运行网络的硬件特点、性能来综合考虑网络的大小、推理时间、准确率等多个因素。通过下面的代码可得到网络大小和单次推理时间。

```
info = whos('trainedNet');
disp("Network size: " + info.bytes/1024 + " kB")

for i = 1:100
    x = randn([numHops,numBands]);
    tic
    [YPredicted,probs] = classify(trainedNet,x,"ExecutionEnvironment",'cpu');
    time(i) = toc;
end
disp("Single-image prediction time on CPU: " + mean(time(11:end))* 1000 + " ms")
```

上述程序的运行效果如下。

```
Network size: 286.7314 kB
Single-image prediction time on CPU: 3.2871 ms
```

案例15

▶▶▶▶▶▶

方便快捷：深度学习模型代码的自动生成

本章重点介绍在 MATLAB 中设计好的深度神经网络，如何自动转换成目标平台的 C/C++代码，方便在实际应用中进行部署。体现了基于 MATLAB 进行深度网络设计的便捷性和实用性。

15.1 深度学习网络模型：从开发到部署

通过之前的例子，我们学习了在 MATLAB 中如何进行深度神经网络的数据准备、训练和测试，理解了不同类型网络的工作原理和网络结构，MATLAB 所提供的工作环境可以方便地让我们对网络进行设计、调试和改进。但在实际场景中，深度学习模型需要被部署到各种各样的应用中。虽然大公司的云端产品提供了常见网络的应用接口，但如果想要使用自己的数据、定制自己的网络，自己搭建平台是更好的选择。

但是，要编写深度神经网络的底层代码，研究者通常面临着很多困难，例如，相关的编程经验不足，环境配置、编译、移植到处都是挑战；基于 cuDNN 或原生 CUDA 的编程难度大；不同平台需要单独编写代码，如 GPU，ARM 或者 Intel Xeon 等。造成这些困难的原因有两方面：一方面，调试好的模型在不同的平台上需要单独编写不同的代码；另一方面，一旦模型或者平台变更调整，则需要重新编写底层代码。这些实际应用中面临的障碍让人望而生畏，也带来大量与算法和模型本身无关的工作量。

15.2 MATLAB 生成推理模型代码的步骤

在本小节给出使用 MATLAB 生成深度学习推理模型在目标平台上运行代码的一般方法，

并使用 MATLAB 加载并测试所生成代码的整体流程，其主要步骤可以分为：

步骤 1：训练网络，并保存训练好的网络（如果已经训练好网络，或者从网上下载训练好的网络，则跳过此步）。

步骤 2：定义一个模型推理用的函数，此函数中加载训练好的网络，其输入为网络输入，输出为网络推理结果。

步骤 3：加载网络的输入数据。

步骤 4：为代码生成进行配置。

步骤 5：定义目标函数的输入参数。

步骤 6：生成目标代码。

步骤 7：通过 mex 工具加载所生成 C 程序。

步骤 8：加载并测试所生成的推理模型，将步骤 3 加载好的输入数据输入步骤 7 加载的 mex 程序，查看输出。

整个流程看起来步骤很多，实际上执行起来只需要少量代码即可实现。但是，在使用 MATLAB 生成推理模型代码之前，需要安装一些依赖工具。

15.3 安装 GPU 平台的代码生成工具

MATLAB 可以为不同的硬件平台生成 C/C++ 代码，我们以最常用的 nvidia 公司 GPU 为例，介绍所要安装的工具。笔者所用计算机为 64 位的 Windows 10 操作系统，带有 RTX 2070 GPU，为了通过 MATLAB 生成可以在 GPU 上运行的 C/C++ 代码，需要安装以下一些工具，包括：

1）MinGW 编译器。

2）Visual Studio 2013 或以上版本，笔者所用版本为 Visual Studio 2015。

3）支持计算能力 3.2 或以上 GPU 的 CUDA，笔者所用版本为 CUDA 10.1。

4）cuDNN 7.5 或以上版本，笔者所用版本为 cuDNN 7.5.0。

此外，还需要对环境变量进行配置，下面分别介绍。

1. MinGW 编译器

MinGW 是一组包含文件和端口库的免费 C/C++ 编译器，可以让我们方便地在 Windows 系统中使用微软的标准 C 运行时（C Runtime）库。在 Windows 版本的 MATLAB 中，一般使用 mex 来生成 C 代码，而 mex 则需要 MinGW 编译器的支持。可以输入"mex - setup"。如果原来没有安装过该工具，则会出现报错：

> 错误使用 mex
> 未找到支持的编译器。您可以安装免费提供的 MinGW-w64 C/C ++ 编译器;请参阅安装 MinGW-w64 编译器。有关更多选项, 请访问 https://www.mathworks.com/support/compilers。下载并运行 mingw. mlpkginstall。

我们可以通过上面的网址 （https://www.mathworks.com/support/compilers） 下载到与当前版本 MATLAB 相匹配的 MinGW 编译器。笔者所用的版本为 "MATLAB Support for MinGW-w64 C/C ++ Compiler 版本 18.2.0", 来自第三方软件 "MinGW 6.3.0 from MinGW-w64. org"。下载之后按照默认参数安装即可。

2. Visual Studio 2015

Visual Studio 是微软的集成开发环境 （Integrated Development Environment, IDE）, 方便开发者在 Windows 操作系统中进行编程开发调试等工作。在使用 Windows 版本 MATLAB 进行代码生成的时候, 需要用到微软的 C/C ++ 编译器 cl. exe, 因此这里就需要安装 Visual Studio。

笔者安装的版本为 Visual Studio 2015, 安装到默认安装目录 （C:\Program Files （x86） \Microsoft Visual Studio 14.0）, 如图 15-1a 所示。需要注意的是, 安装时一定要勾选 Visual C ++ 选项, 如图 15-1 b 所示, 否则 Visual Studio 不会安装所需要用到的 C/C ++ 编译器。

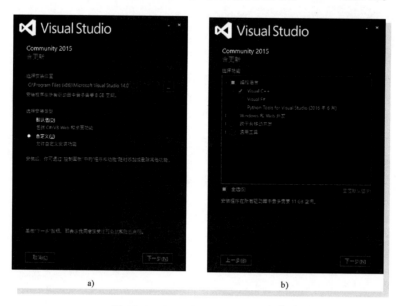

a)   b)

● 图 15-1　Visual Studio 2015 安装选项

3. CUDA 10. 1

CUDA 的全称是 Compute Unified Device Architecture, 这是一个由 nvidia 推出的通用并行计

算架构，方便开发者驱动 nvidia 的 GPU 进行复杂的并行计算。如果未安装 CUDA，则在代码生成的时候，会报错：

```
'nvcc'不是内部或外部命令,也不是可运行的程序
```

由于笔者所用计算机上有 Nvidia 的 RTX 2070 GPU，可以用来加速深度神经网络的推理，因此也安装了 CUDA。所安装版本为 CUDA 10.1，我们在 Nvidia 官方网址（https：// developer. nvidia. com/cuda-10. 1-download-archive-base）下载 windows 的 exe（local）版本（cuda _10. 1. 105_418. 96_win10. exe）。按照默认路径和配置安装即可，如图 15-2 所示。

● 图 15-2　CUDA 10.1 安装路径

安装完成后，重启系统，在 Windows 中按〈Win + R〉快捷键打开"运行"窗口，并输入"cmd"打开命令提示符，然后输入"nvcc -V"，会显示：

```
nvcc: NVIDIA (R) Cuda compiler driver
Copyright (c) 2005-2019 NVIDIA Corporation
Built on Fri_Feb__8_19:08:26_Pacific_Standard_Time_2019
Cuda compilation tools, release 10.1, V10.1.105
```

说明 CUDA 10.1 安装成功。

再输入下面命令进入 demo_ suite 目录：

```
cd \Program Files\NVIDIA GPU Computing Toolkit\CUDA\v10.1\extras\demo_suite
```

输入"deviceQuery. exe"后，最后显示：

```
deviceQuery, CUDA Driver = CUDART, CUDA Driver Version = 10.2, CUDA Runtime Version = 10.1,
NumDevs = 1, Device0 = GeForce RTX 2070 with Max-Q Design
Result = PASS
```

说明测试也没问题。

4. cuDNN 7.5

cuDNN 是 CUDA 深度神经网络库，专门用于加速 Nvidia GPU 上运行的深度神经网络。笔者安装的版本为 cuDNN 7.5，可以从 nvidia 官方网址（https：//developer. nvidia. com/cudnn）下载（cudnn-10. 1-windows10-x64-v7. 5. 0. 56）的压缩包。解压缩后，把其中 bin、include、lib 文件夹内的文件复制到 CUDA 安装目录（C：\Program Files\NVIDIA GPU Computing Toolkit\CU-DA\v10. 1）的对应文件夹中。

5. 修改环境变量和 MATLAB 配置

安装完成上述工具之后，首先需要手动修改 Windows 环境变量：

进入 Windows 桌面，右键单击"此计算机"→"属性"→"高级系统设置"→"高级"选项卡→"环境变量"。

在"系统变量"中，新建几个系统变量，见表 15-1。

表 15-1　要新建的系统变量

变　量　名	变　量　值
CUDA_PATH	C：\Program Files\NVIDIA GPU Computing Toolkit\CUDA\v10. 1
CUDA_PATH_V10_1_INCLUDE	C：\Program Files\NVIDIA GPU Computing Toolkit\CUDA\v10. 1\include
CUDA_PATH_V10_1_LIB	C：\Program Files\NVIDIA GPU Computing Toolkit\CUDA\v10. 1\lib
CUDA_PATH_V10_1_LIB64	C：\Program Files\NVIDIA GPU Computing Toolkit\CUDA\v10. 1\lib\x64
CUDA_PATH_V10_1_LIBNVVP	C：\Program Files\NVIDIA GPU Computing Toolkit\CUDA\v10. 1\libnvvp
NVIDIA_CUDNN	C：\Program Files\NVIDIA GPU Computing Toolkit\CUDA\v10. 1

然后，打开 MATLAB，在命令行窗口中输入"mex -setup c"，应该能看到两个 C/C ++ 编译器，MinGW64 Compiler（C）和 Microsoft Visual C ++ 2015（C），如图 15-3 所示。

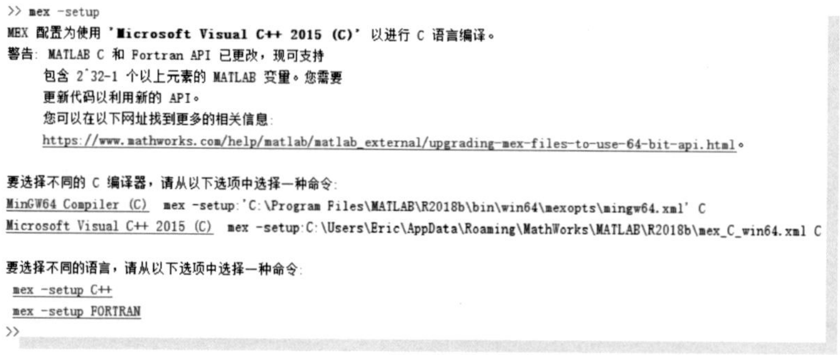

```
>> mex -setup
MEX 配置为使用 'Microsoft Visual C++ 2015 (C)' 以进行 C 语言编译。
警告: MATLAB C 和 Fortran API 已更改, 现可支持
包含 2^32-1 个以上元素的 MATLAB 变量。您需要
更新代码以利用新的 API。
您可以在以下网址找到更多的相关信息:
https://www.mathworks.com/help/matlab/matlab_external/upgrading-mex-files-to-use-64-bit-api.html。

要选择不同的 C 编译器, 请从以下选项中选择一种命令:
MinGW64 Compiler (C)     mex -setup:'C:\Program Files\MATLAB\R2018b\bin\win64\mexopts\mingw64.xml' C
Microsoft Visual C++ 2015 (C)   mex -setup:C:\Users\Eric\AppData\Roaming\MathWorks\MATLAB\R2018b\mex_C_win64.xml C

要选择不同的语言, 请从以下选项中选择一种命令:
mex -setup C++
mex -setup FORTRAN
>>
```

● 图 15-3　MATLAB 中 mex 编译器设置

如果当前不是 Microsoft Visual C ++ 2015（C）编译器，则单击其中连接切换成 Microsoft Visual C ++ 2015（C）编译器。

同理，输入 "mex -setup c ++"，确保 C ++ 编译器也为 Microsoft Visual C ++ 2015。

此外，如果首次运行代码时报错：

```
错误使用 dlcoder_base.internal.checkSupportedTargetLib Deep Learning code generation for
target library cudnn requires GPU Coder Interface for Deep Learning Libraries support pack-
age.To install this support package, use the Add-On Explorer.
```

则单击 Add-On Explorer 按钮，安装 "用于深度学习库的 GPU 编码器接口"（GPU Coder Interface for Deep Learning Libraries）。

如果首次运行代码时报错：

```
错误使用 dlcoder_base.internal.checkSupportedTargetLib
Deep Learning code generation for target library mkldnn requiresMATLAB Coder Interface for
Deep Learning Libraries support package.To install this support package, use the Add-On Ex-
plorer.
```

单击 Add-On Explorer 按钮，安装 "用于深度学习库的 MATLAB 编码器接口"（MATLAB Coder Interface for Deep Learning Libraries）。

至此，需要安装的工具和配置全部完成，在 MATLAB 命令行窗口中输入 "coder. checkGpuInstall（'full'）"，然后会显示：

```
Host CUDA Environment     : PASSED
    Runtime               : PASSED
    cuFFT                 : PASSED
    cuSOLVER              : PASSED
    cuBLAS                : PASSED
Code Generation           : PASSED
Compatible GPU            : PASSED
Code Execution            : PASSED
cuDNN Environment         : PASSED
TensorRT Environment      : FAILED (TensorRT is not supported on this platform. It is only sup-
ported on Linux operating systems. )
Jetson TK1 Environment    : FAILED (Jetson Cross-compilation is not supported on this plat-
form. It is only supported on Linux operating systems. )
Jetson TX1 Environment    : FAILED (Jetson Cross-compilation is not supported on this plat-
form. It is only supported on Linux operating systems. )
Jetson TX2 Environment    : FAILED (Jetson Cross-compilation is not supported on this plat-
form. It is only supported on Linux operating systems. )
Profiling                 : FAILED (gpucoder.profile is not supported on this platform. It is
only supported on Linux operating systems. )
```

```
ans =

    包含以下字段的 struct:

         host: 1
          tk1: 0
          tx1: 0
          tx2: 0
          gpu: 1
      codegen: 1
     codeexec: 1
        cudnn: 1
     tensorrt: 0
    profiling: 0
```

可以看到代码生成所需要的依赖工具都已经安装，环境配置成功，下面就可以使用 MAT-LAB 生成目标平台代码了。

15.4 代码生成例程实现与解析

例程 15-1 总体上按照 15.2 所述步骤进行代码生成，但由于训练网络不是本例重点，我们跳过步骤 1，直接下载已经训练好的开源深度神经网络来演示代码生成的步骤。本例程将原本在 MATLAB 上运行的深度神经网络模型推理代码，生成可以用于 nvidia GPU 上运行的 C/C ++ 代码。输入图像如图 15-4 所示，在完成代码生成之后，可以将 "％％ 代码生成" 部分整段代码注释，保留 "％％ 加载并测试所生成的推理模型" 部分整段代码，然后重新运行 MATLAB 程序，可以直接调用生成的代码进行模型推理，实现对输入图像的分类。请读者结合注释仔细理解。注意，程序路径应避免包含中文或者空格。

●图 15-4 测试输入图像

例程 **15-1**：MATLAB 中设计的深度神经网络模型自动生成可以用于 nvidia GPU 上运行的 C/
C ++ 代码。

```
********************************************************************
%%  程序说明

% 实例 15-1
% 功能:MATLAB 中设计的深度神经网络模型自动生成可以用于 nvidia GPU 上运行的 C/C ++ 代码
% 作者:zhaoxch_mail@ sina.com
% 时间:2020 年 9 月 10 日
% 版本:CODEGEN-V1

% 步骤 1:从网上下载训练好的网络
% url = 'https://www.mathworks.com/supportfiles/gpucoder/cnn_models/VGG/vgg16.mat';
% websave('vgg16.mat',url);

%步骤 3:加载网络的输入数据
in = imread('peppers.png');
imshow(in);
in = imresize(in,[224,224]);

%%  代码生成
% 步骤 4:为代码生成进行配置
cfg = coder.gpuConfig('mex');
cfg.TargetLang = 'C ++';
cfg.DeepLearningConfig = coder.DeepLearningConfig('cudnn');
% 步骤 5:定义目标函数的输入参数
dnnInput = ones(224,224,3,'uint8');
% 步骤 6:生成目标代码
codegen -args {dnnInput} -config cfg myVGG16 -report;

%%  加载并测试所生成的推理模型
% 步骤 7:通过 mex 工具加载所生成 C 程序
% 步骤 8:加载并测试所生成的推理模型,将步骤 3 加载好的输入数据输入步骤 7 加载的 mex 程序,查看输出
predict_scores = myVGG16_mex(in);
[scores,indx] = sort(predict_scores,'descend');
net = coder.loadDeepLearningNetwork('vgg16.mat');
classNames = net.Layers(end).Classes;
% 显示最有可能的 5 个类别
disp(classNames(indx(1:5)));
********************************************************************
生成过程中所调用子函数 myVGG16.m 的实现代码:
********************************************************************
%%  程序说明
```

```
% 实例 X.X-1
% 功能:模型推理子函数 myVGG16
% 作者:zhaoxch_mail@ sina.com
% 时间:2020 年 9 月 10 日
% 版本:DLTEX3-V1

function out = myVGG16(in)

% 步骤 2:定义一个模型推理用的函数,此函数中加载训练好的网络,其输入为网络输入,输出为网络推理结果

persistent mynet;

if isempty(mynet)
    mynet = coder.loadDeepLearningNetwork('vgg16.mat','myVGGnet');
end

out = predict(mynet,in);
**************************************************************************
```

在运行"%% 代码生成"之后, 会在代码路径下生成一个"codegen"文件夹, 生成的 C/
C++ 和 CUDA 代码文件均在其中, 并且在当前目录中会生成一个 myVGG16_ mex. mexw64 文
件。此时命令行窗口会显示:

```
Code generation successful: View report
```

单击 View report，可以查看所生成的代码，如图 15-5 所示。

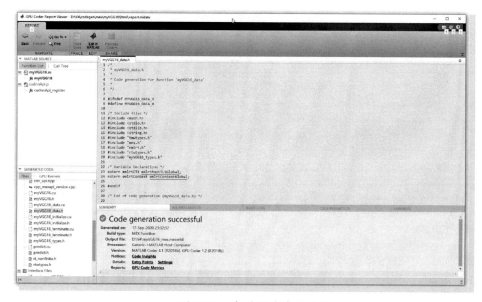

● 图 15-5　查看所生成的代码

如果将属于 "％％ 代码生成" 那段代码注释掉，重新运行整段代码，则不再执行代码生成，而是直接调用生成的代码进行模型推理，实现对输入图像的分类。命令行窗口输出如下。

```
bell pepper
cucumber
grocery store
acorn squash
butternut squash
```

输出概率从高到低的前 5 个最有可能的分类结果，概率最高的 bell pepper 即为正确答案。

案例16

▶▶▶▶▶▶

互通共享：如何将在Keras中设计训练的网络导入MATLAB深度学习工具箱中

本例演示如何将预训练的 Keras 网络导入 MATLAB 中，使用自定义网络层替换不支持的网络层，以及将网络层组装到一个网络中用于预测。Keras 是 Python 中的一个深度学习库，上层为深度学习相关操作提供了丰富的 API 函数，下层集成了 Tensorflow、Theano 以及 CNTK 等开发工具，可以方便快速地进行深度神经网络的设计、训练和部署。掌握了将 Keras 导入 MAT-LAB 的方法，我们就可以在 MATLAB 中使用基于 Keras 开发的神经网络，并在此基础上进行微调、迁移学习或是部署等操作。

16.1 导入网络的详细步骤

1. 导入 Keras 网络

从一个 Keras 网络模型导入网络层。' digitsDAGnetwithnoise. h5 '中的网络对数字图像进行分类。实现代码如下。

```
filename = 'digitsDAGnetwithnoise. h5';
lgraph = importKerasLayers(filename,'ImportWeights',true);
```

需要注意的是，由于 MATLAB 深度学习工具箱尚不完全支持的缘故，某些 Keras 网络层无法被导入。它们被占位符（Placeholder）层替换。要查找这些网络层，在返回的对象上调用 findPlaceholderLayers 函数即可。

Keras 网络包含深度学习工具箱不支持的一些网络层。importKerasLayers 函数显示警告，并用占位符层替换不支持的层。

使用 plot 函数绘制网络层图谱，如图 16-1a 所示。输入如下代码。

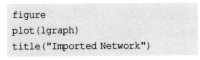
```
figure
plot(lgraph)
title("Imported Network")
```

2. 替换占位符层

要替换占位符层，首先标出要替换的层的名称。使用 findPlaceholderLayers 函数查找占位符层。输入如下代码。

```
placeholderLayers = findPlaceholderLayers(lgraph)
```

命令行窗口显示：

```
placeholderLayers =
  2x1 PlaceholderLayer array with layers:

   1  'gaussian_noise_1'  PLACEHOLDER LAYER  Placeholder for 'GaussianNoise' Keras layer
   2  'gaussian_noise_2'  PLACEHOLDER LAYER  Placeholder for 'GaussianNoise' Keras layer
```

显示这些层的 Keras 配置。

```
placeholderLayers.KerasConfiguration
```

命令行窗口显示：

```
ans = struct with fields:
    trainable: 1
         name: 'gaussian_noise_1'
       stddev: 1.5000

ans = struct with fields:
    trainable: 1
         name: 'gaussian_noise_2'
       stddev: 0.7000
```

配置自定义高斯噪声层。

注意，创建该层时，需要将文件 gaussianNoiseLayer.m 复制到在当前文件夹中。然后，创建两个高斯噪声层，其配置与导入的 Keras 层相同。实现代码如下。

```
gnLayer1 = gaussianNoiseLayer(1.5,'new_gaussian_noise_1');
gnLayer2 = gaussianNoiseLayer(0.7,'new_gaussian_noise_2');
```

使用 replaceLayer 函数将两个占位符层分别替换为自定义的高斯噪声层。实现代码如下。

```
lgraph = replaceLayer(lgraph,'gaussian_noise_1',gnLayer1);
lgraph = replaceLayer(lgraph,'gaussian_noise_2',gnLayer2);
```

使用 plot 函数绘制更新的网络层图谱，如图 16-1b 所示。

```
figure
plot(lgraph)
title("Network with Replaced Layers")
```

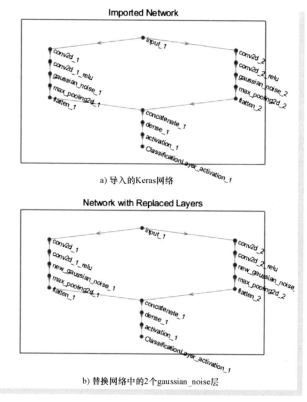

a) 导入的Keras网络

b) 替换网络中的2个gaussian_noise层

● 图 16-1　替换网络层

3. 指定类名

如果导入的分类层不包含类，则必须在预测之前指定这些类。如果没有指定类，则软件会自动将类设置为 1, 2, …, N, 其中 N 是类的数量。

通过查看网络层图谱的 Layers 属性来查找分类层的索引。输入如下代码。

```
lgraph.Layers
```

命令行窗口显示：

```
ans =
  15x1 Layer array with layers:
```

```
    1  'input_1'                       Image Input           28x28x1 images
    2  'conv2d_1'                      Convolution           20 7x7x1 convolutions with stride[1
1]and padding 'same'
    3  'conv2d_1_relu'                 ReLU                  ReLU
    4  'conv2d_2'                      Convolution           20 3x3x1 convolutions with stride[1
1]and padding 'same'
    5  'conv2d_2_relu'                 ReLU                  ReLU
    6  'new_gaussian_noise_1'          Gaussian Noise        Gaussian noise with standarddeviation
1.5
    7  'new_gaussian_noise_2'          Gaussian Noise        Gaussian noise with standard devia-
tion 0.7
    8  'max_pooling2d_1'               Max Pooling           2x2 max pooling with stride[2  2]and
padding 'same'
    9  'max_pooling2d_2'               Max Pooling           2x2 max pooling with stride[2  2]and
padding 'same'
   10  'flatten_1'                     Flatten C-style       Flatten activations into 1D assuming
C-style (row-major) order
   11  'flatten_2'                     Flatten C-style       Flatten activations into 1D assuming
C-style (row-major) order
   12  'concatenate_1'                 Depth concatenation   Depth concatenation of 2 inputs
   13  'dense_1'                       Fully Connected       10 fully connected layer
   14  'activation_1'                  Softmax               softmax
   15  'ClassificationLayer_activation_1'   Classification Output   crossentropyex
```

可以看到，分类层的名称为' ClassificationLayer_activation_1 '。查看该分类层并检查 Classes 属性。输入如下代码。

```
cLayer = lgraph. Layers(end)
```

命令行窗口显示：

```
cLayer =
  ClassificationOutputLayer with properties:

         Name:'ClassificationLayer_activation_1'
      Classes:'auto'
   OutputSize:'auto'

Hyperparameters
   LossFunction:'crossentropyex'
```

由于分类层的 Classes 属性为' auto '，因此必须手动指定类。将类 Classes 设置为 0，1，…，9，然后替换掉导入的分类层。输入如下代码。

```
cLayer. Classes = string(0:9)
```

命令行窗口显示：

```
cLayer =
  ClassificationOutputLayer with properties:

        Name:'ClassificationLayer_activation_1'
     Classes:[0  1  2  3  4  5  6  7  8  9]
   OutputSize: 10

  Hyperparameters
    LossFunction:'crossentropyex'

lgraph = replaceLayer(lgraph,'ClassificationLayer_activation_1',cLayer);
```

4. 组装网络

使用 assembleNetwork 函数组装网络层图谱。输入如下代码。

```
net = assembleNetwork(lgraph)
```

命令行窗口显示：

```
net =
  DAGNetwork with properties:

        Layers:[15×1 nnet.cnn.layer.Layer]
   Connections:[15×2 table]
```

> **● 注意**
>
> 如果没有安装 Keras 相关支持组件，会提示"错误使用 importKerasLayers"。单击 Add-On Explorer 进行安装，或者通过 MATLAB "主页"选项卡中的"附加功能"，搜索 Keras，然后选择 Deep Learning Toolbox Importer for TensorFlow-Keras Models 进行安装。

至此，我们就将一个 Keras 中的网络导入 MATLAB 中了，导入过程需要重点注意占位符层和类名的处理。

16.2 例程实现与解析

上面分块介绍了程序各个部分的功能和用到的函数，这里给出程序完整代码，便于读者对照阅读。

例程 16-1：将一个 Keras 中的网络导入 MATLAB 中。

```
************************************************************
% 导入 Keras 网络
filename = 'digitsDAGnetwithnoise.h5';
lgraph = importKerasLayers(filename,'ImportWeights',true);

% 预览
figure
plot(lgraph)
title("Imported Network")

% 替换占位符层
placeholderLayers = findPlaceholderLayers(lgraph)

% 显示这些层的 Keras 配置
placeholderLayers.KerasConfiguration

% 配置自定义高斯噪声层
gnLayer1 = gaussianNoiseLayer(1.5,'new_gaussian_noise_1');
gnLayer2 = gaussianNoiseLayer(0.7,'new_gaussian_noise_2');

% 将两个占位符层分别替换为自定义的高斯噪声层
lgraph = replaceLayer(lgraph,'gaussian_noise_1',gnLayer1);
lgraph = replaceLayer(lgraph,'gaussian_noise_2',gnLayer2);

% 查看网络
figure
plot(lgraph)
title("Network with Replaced Layers")

% 显示网络层
lgraph.Layers

cLayer = lgraph.Layers(end)

cLayer.Classes = string(0:9)

% 替换网络层
lgraph = replaceLayer(lgraph,'ClassificationLayer_activation_1',cLayer);

% 组装网络
net = assembleNetwork(lgraph)
************************************************************
```

案例17

▶▶▶▶▶▶

快速部署：如何将训练好的深度神经网络部署到树莓派上

本章介绍一个更加实用的案例，将 MATLAB 中训练的深度网络模型自动生成 C++ 代码，并移植到树莓派上。本章采用步骤指引式的讲解方式，读者朋友可以按照文中的步骤进行操作，在操作中学习、体会。

17.1 什么是树莓派

Raspberry Pi 中文名为"树莓派"，它是为学习计算机编程而设计的微型计算机。

树莓派是基于 ARM 的微型计算机主板，以 SD/MicroSD 卡为内存硬盘，卡片主板周围有 USB 接口、以太网接口（A 型没有网口），可连接键盘、鼠标和网线，同时拥有视频模拟信号的电视输出接口和 HDMI 高清视频输出接口，以上部件全部整合在一块主板上。

树莓派早期有 A 和 B 两个型号，主要区别为 A 型有 1 个 USB 接口，无有线网络接口，功率为 2.5W，RAM 为 256MB；B 型有 2 个 USB 接口，支持有线网络，功率为 3.5W，RAM 为 512MB。

2016 年 2 月，树莓派 3B 版本发布，其主要性能指标：搭载 1.2GHz 的 64 位四核处理器；增加低功耗蓝牙 4.1 适配器；最大驱动电流增加至 2.5A。

2019 年 6 月 24 日，树莓派 4B 版本发布，其主要性能指标：搭载 1.5GHz 的 64 位四核处理器，全吞吐量千兆以太网，支持蓝牙 5.0，BLE，两个 USB 3.0 接口和两个 USB 2.0 接口；双 micro HDMI 输出，支持 4K 分辨率，MicroSD 存储系统增加了双倍数据速率支持，驱动电流增加至 3A。

17.2 SqueezeNet 简介

SqueezeNet 是 Han 等人提出的一种轻量且高效的卷积神经网络模型，它能够在 ImageNet 数据集上达到 AlexNet 模型同等的准确度性能，但是参数是 AlexNet 模型的 1/50。此外，SqueezeNet 在结合已有的压缩方法如 Deep Compression 法后，参数是 AlexNet 模型的 1/510。

▶▶ 17.2.1 提出 SqueezeNet 的动机

近年来，CNN 的模型规模越来庞大，从 VGG 模型的 16 层到 ResNet 模型的 152 层，虽然准确度性能越来越好，但较大的模型参数阻碍了其实际应用。对于相同的准确度性能，具有更小模型参数的 CNN 模型可以提高以下几点优势。

1）**更高效的分布式训练**。服务器间的通信能力是分布式 CNN 训练的重要影响因素。对于分布式 CNN 并行训练，服务器间的通信开销与 CNN 模型参数的数量成正相关，更小的 CNN 模型可以降低分布式训练的通信开销。

2）**更低的客户端更新模型开销**。在自动驾驶应用中，特斯拉电动车经常需要无线更新客户端的 CNN 模型以提升自动驾驶功能的性能。更小的 CNN 模型可以减少无线通信的开销，使得无线更新更加容易。

3）**便于在 FPGA 等嵌入式硬件上的部署**。FPGA 的片上内存通常少于 10MB，并且没有片外内存或存储单元。足够小的 CNN 模型可以不受内存带宽限制，直接部署到 FPGA 等嵌入式硬件上，便于实际应用。

基于以上几点原因，SqueezeNet 应运而生了。

▶▶ 17.2.2 SqueezeNet 的设计策略

SqueezeNet 的设计策略主要有以下 3 点。

1）**将大部分的 3×3 卷积核替换成 1×1 卷积核**。因为 1 个 1×1 卷积核的模型参数是 3×3 卷积核的 1/9，SqueezeNet 通过将大部分 3×3 卷积核替换成 1×1 卷积核，实现了模型参数的压缩。

2）**减少 3×3 卷积核的输入通道数**。1 个具有 3×3 卷积核的卷积层参数数量为 M×N×3×3（其中 M 和 N 分别是输入通道数和卷积核数量），SqueezeNet 设计了 1 个 squeeze 层用来实现输入通道数的降维，从而实现模型参数的压缩。

3）**延迟降采样**。在 CNN 模型中，通常采用步长大于 1 的卷积层或池化层来实现模型降采样。延迟降采样可以得到较大的特征图，有利于提高模型的准确度。

设计策略 1）和 2）用于 CNN 模型参数压缩，设计策略 3）用于在限定模型参数数量情况下实现最大化模型的准确度性能。SqueezeNet 设计了 1 个 Fire 模块用来实现以上 3 点设计策略。

▶▶ 17.2.3 SqueezeNet 的模型架构

SqueezeNet 的宏观架构如图 17-1 所示。

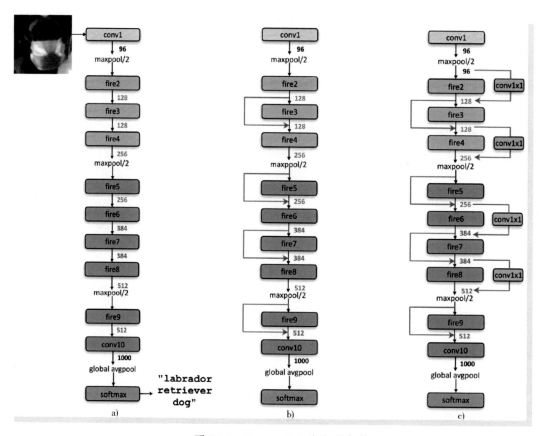

● 图 17-1 SqueezeNet 的宏观架构

图 17-1a 是原生的 SqueezeNet 架构。而图 17-1b、c 都借鉴了 ResNet 中的跳层连接，分别是带简单跳层连接和复杂跳层连接的 SqueezeNet 架构，二者不同之处在于图 17-1c 的模型在跳层连接的两个特征图尺寸不同时，采用 1×1 卷积层使之尺寸相同。3 种 SqueezeNet 宏观架构在 ImageNet 数据集上的性能对比见表 17-1，采用简单跳层连接的 SqueezeNet 的准确度最高、模型尺寸最小。

表 17-1　不同 SqueezeNet 宏观架构在 ImageNet 数据集上的准确度和模型尺寸

宏 观 架 构	Top-1 准确度	Top-5 准确度	模 型 尺 寸
SqueezeNet	57.5%	80.3%	4.8MB
SqueezeNet（带简单跳层连接）	60.4%	82.5%	4.8MB
SqueezeNet（带复杂跳层连接）	58.8%	82.0%	7.7MB

由图 17-1 可知，SqueezeNet 主要由第 1 层的卷积层（conv1）、8 个 Fire 模块（fire2～fire9）以及最后 1 层的卷积层（conv10）组成。SqueezeNet 采用步长为 2 的最大池化层（maxpool）实现降采样操作，分别在 conv1、fire4、fire8 和 conv10 层之后进行延迟降采样操作。

▶▶17.2.4　SqueezeNet 的微观架构—Fire 模块

SqueezeNet 模型的基本单元采用了模块化的卷积，即 Fire 模块。Fire 模块主要包含两层的卷积操作：一是采用 1×1 卷积核的 squeeze 层；二是混合使用 1×1 和 3×3 卷积核的 expand 层，Fire 模块的基本结构如图 17-2 所示。在 squeeze 层中，记 1×1 卷积核数为 $s_{1\times1}$。在 expand 层中，记 1×1 卷积核数为 $e_{1\times1}$，而 3×3 卷积核数为 $e_{3\times3}$。

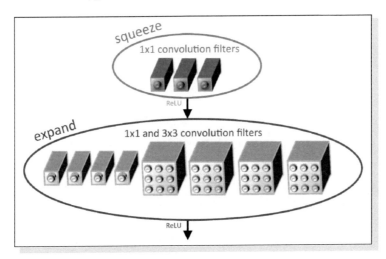

● 图 17-2　SqueezeNet 的微观架构—Fire 模块（例子中 $s_{1\times1}=3$，$e_{1\times1}=4$，$e_{3\times3}=4$）

▶▶17.2.5　SqueezeNet 的实现细节

1）所有 Fire 模块中 squeeze 层和 expand 层的激活函数采用 ReLU。

2）在 fire9 模块之后，采用 Dropout 防止模型过拟合，Dropout 比例取 50%。

3）SqueezeNet 没有全连接层。

4）训练过程采用线性递减的学习率，初始学习率设置为 0.04。

5）Fire 模块内的超参数配置如下。

- Squeeze 比率，即 $SR = s_{1 \times 1} / (e_{1 \times 1} + e_{3 \times 3}) = 0.125$。

- expand 层中，3×3 卷积核所占比例 $P_{3 \times 3} = e_{3 \times 3} / (e_{1 \times 1} + e_{3 \times 3}) = 0.5$。

SqueezeNet 模型架构的详细参数见表 17-2。

表 17-2 SqueezeNet 模型架构的详细参数

layer name/type	output size	filter size/ stride (if not a fire layer)	depth	$s_{1 \times 1}$ (#1 × 1 squeeze)	$e_{1 \times 1}$ (#1 × 1 expand)	$e_{3 \times 3}$ (#3 × 3 expand)	$s_{1 \times 1}$ sparsity	$e_{1 \times 1}$ sparstity	$e_{3 \times 3}$ sparsity	#bits	#parameter before pruning	#parameter after pruning
input image	$224 \times 224 \times 3$										—	—
conv1	$111 \times 111 \times 96$	$7 \times 7/2(\times 96)$	1				100% (7×7)			6bit	14,208	14,208
maxpool1	$55 \times 55 \times 96$	$3 \times 3/2$	0									
fire2	$55 \times 55 \times 128$		2	16	64	64	100%	100%	33%	6bit	11,920	5,746
fire3	$55 \times 55 \times 128$		2	16	64	64	100%	100%	33%	6bit	12,432	6,258
fire4	$55 \times 55 \times 256$		2	32	128	128	100%	100%	33%	6bit	45,344	20,646
maxpool4	$27 \times 27 \times 256$	$3 \times 3/2$	0									
fire5	$27 \times 27 \times 256$		2	32	128	128	100%	100%	33%	6bit	49,440	24,742
fire6	$27 \times 27 \times 384$		2	48	192	192	100%	50%	33%	6bit	104,880	44,700
fire7	$27 \times 27 \times 384$		2	48	192	192	50%	100%	33%	6bit	111,024	46,236
fire8	$27 \times 27 \times 512$		2	64	256	256	100%	50%	33%	6bit	188,992	77,581
maxpool8	$13 \times 12 \times 512$	$3 \times 3/2$	0									
fire9	$13 \times 13 \times 512$		2	64	256	256	50%	100%	30%	6bit	197,184	77,581
conv10	$13 \times 13 \times 1000$	$1 \times 1/1(\times 1000)$	1				20% (3×3)			6bit	513,000	103,400
avgpool10	$1 \times 1 \times 1000$	$13 \times 13/1$	0									
	activations			parameters			compression info				1,248,424 (total)	421,098 (total)

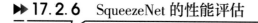

▶▶ 17.2.6 SqueezeNet 的性能评估

SqueezeNet 模型的性能评估见表 17-3。

表 17-3　SqeezeNet 模型的性能评估

CNN 模型	结合的已有压缩方法	数据精度	原来-＞压缩模型尺寸	相比 AlexNet 的模型尺寸缩小倍数	Top-1 准确度	Top-5 准确度
AlexNet	无	32 bit	240MB	1	57.2%	80.3%
AlexNet	SVD 法	32 bit	240MB -> 48MB	5	56.0%	79.4%
AlexNet	网络剪枝法	32 bit	240MB -> 27MB	9	57.2%	80.3%
AlexNet	Deep Compression 法	5~8 bit	240MB -> 6.9MB	35	57.2%	80.3%
SqueezeNet	无	32 bit	4.8MB	50	57.5%	80.3%
SqueezeNet	Deep Compression 法	8 bit	4.8MB -> 0.66MB	363	57.5%	80.3%
SqueezeNet	Deep Compression 法	8 bit	4.8MB -> 0.47MB	510	57.5%	80.3%

从表 17-3 可知，AlexNet 模型结合已有的 SVD 法能将预训练的模型压缩到原来的 1/5，Top-1 准确度略微降低。AlexNet 模型结合已有的网络剪枝法能将模型压缩到原来的 1/9，Top-1 和 Top-5 准确度几乎保持不变。AlexNet 模型结合已有的 Deep Compression 法能将模型压缩到原来的 1/35，准确度基本不变。**不结合已有压缩方法的 SqeezeNet 模型尺寸是 AlexNet 模型的 1/50，并且准确度还有略微的提升。**如果将已有的 Deep Compression 法用在 SqeezeNet 模型上，使用 33% 的稀疏表示和 8 位数据精度，会得到一个仅有 0.66MB 的模型，如果更进一步，如果使用 6 位数据精度，会得到仅有 0.47MB 的模型，同时正确率不变。

▶▶17.2.7　对于 SqueezeNet 小结

SqueezeNet 模型能够在 ImageNet 数据集上达到 AlexNet 模型同等的准确度性能，但是参数是 AlexNet 模型的 1/50。此外，SqueezeNet 在结合已有的压缩方法（如 Deep Compression 法）后，参数是 AlexNet 模型的 1/510。SqueezeNet 模型便于在 FPGA 等嵌入式硬件中实现部署。

17.3　自动生成 C++ 代码及其在树莓派上的实现

本实例主要是将已经训练好的 SqueezeNet 的模型迁移到树莓派中运行，整个过程包含以下三个方面的内容。

1）从一个预训练好的网络通过迁移学习得到所需的模型。

2）从训练好的模型生成 C++ 代码。

3）在树莓派 3B+ 上（RaspBian Stretch）编译运行。

具体步骤如下。

步骤 1：在计算机中安装 MATLAB 软件。

此处需要注意，树莓派的各版本对 MATLAB 软件的需求不一样，树莓派 4B 的电路板只能使用 MATLAB 2020a 及以上版本，本实例中用的是树莓派 3B + 和 MATLAB2018a。

步骤 2：准备图像集供深度学习训练之用。

拍摄若干实际照片，建议每种物品每个位置、角度、摆放形态均拍摄一些。目前所用图片是网上找的现成的图库的图片，所有图片按照物品分类存放在 TestData 文件下面。

步骤 3：从一个预训练好的网络通过迁移学习得到所需的模型。

1）该步骤完全在 MATLAB 中完成。

2）请参照 retrain_SqueezeNet. m 中的完整步骤，retrain_SqueezeNet. m 的具体内容如例程 17-1 所示。

3）训练好的模型存入 My_Squeezenet. mat 文件中。

4）根据准备的图片集，在 MATLAB 中同步修改 synsetWords. txt。

例程 17-1：retrain_SqueezeNet. m 的源代码。

```
***********************************************************
%% 载入图库
imds = imageDatastore('TrainData',...
    'IncludeSubfolders',true,...
    'LabelSource','foldernames');
[imdsTrain,imdsValidation] = splitEachLabel(imds,0.7,'randomized');
%% 加载 Squeezenet 模型并修改
net = squeezenet();
lgraph = layerGraph(net);
inputSize = net.Layers(1).InputSize;
numClasses = numel(categories(imdsTrain.Labels));
% 移除最后的 5 层
lgraph = removeLayers(lgraph, {'conv10','relu_conv10', ...
'pool10','prob','ClassificationLayer_predictions'});
% 定义一个卷积层
conv10 = convolution2dLayer( ...
                1, numClasses, ...
                'Stride', 1, ...
                'Padding', 0, ...
                'Name', 'conv10');
relu_conv10 = reluLayer( ...
                'Name', 'relu_conv10');
pool10 = averagePooling2dLayer( ...
                14, ...
```

```matlab
                    'Stride',1,...
                    'Padding',0,...
                    'Name','pool10');
% 新定义的最后5层如下
newLayers =[
                    conv10
                    relu_conv10
                    pool10
                    softmaxLayer('Name','softmax')
                    classificationLayer('Name','classoutput')];
% 将新定义的网络与原网络连接
lgraph = addLayers(lgraph,newLayers);
lgraph = connectLayers(lgraph,'drop9','conv10');
%% 调整图库
pixelRange =[-30 30];
scaleRange =[0.9 1.1];
imageAugmenter = imageDataAugmenter(...
    'RandXReflection',true,...
    'RandXTranslation',pixelRange,...
    'RandYTranslation',pixelRange,...
    'RandXScale',scaleRange,...
    'RandYScale',scaleRange);
augimdsTrain = augmentedImageDatastore(inputSize(1:2),imdsTrain,...
    'DataAugmentation',imageAugmenter);
augimdsValidation = augmentedImageDatastore(inputSize(1:2),imdsValidation);
%% 进行模型训练
options = trainingOptions('sgdm',...
    'ExecutionEnvironment','cpu',...
    'MiniBatchSize',10,...
    'MaxEpochs',20,...
    'InitialLearnRate',0.0001,...
    'ValidationData',augimdsValidation,...
    'ValidationFrequency',3,...
    'ValidationPatience',Inf,...
    'Verbose',false,...
    'Plots','training-progress',...
    'ExecutionEnvironment','gpu');      % 此处为 GPU 训练,可改为 CPU 或 PCT
net = trainNetwork(augimdsTrain,lgraph,options);
%% 测试训练好的模型
[YPred,scores] = classify(net,augimdsValidation);
idx = randperm(numel(imdsValidation.Files),4);
figure
for i = 1:4
    subplot(2,2,i)
    I = readimage(imdsValidation,idx(i));
```

```
    imshow(I)
    label = YPred(idx(i));
    title(string(label));
end
%% 导出模型到 mat 文件供后续代码生成
% 在 Workspace 工作区中选中 net,右键单击,选择菜单中 Save As,另存为 My_Squeezenet.mat
save My_Squeezenet.mat net
```

运行 retrain_SqueezeNet. m 文件，可以得到下面的训练结果（见图 17-3），运行文件中的最后一条指令，训练结果存储在 My_Squeezenet. mat 文件中。

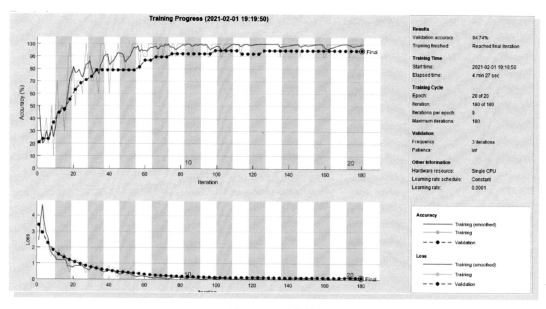

● 图 17-3　训练效果示

步骤 4：安装硬件支持包。

1）在 MATLAB 软件主页目录下，单击"附件功能"→"获取硬件支持包"，如图 17-4 所示。

2）选择 MATLAB Support Package for Raspberry Pi Hardware 硬件包，下载该硬件包，如图 17-5 所示。

3）下载完成后进入附加功能管理器界面，找到刚才下载好的硬件支持包，单击"管理"按钮，如图 17-6 所示。

● 图 17-4　获取硬件支持包示意图

● 图 17-5　下载硬件包示意图

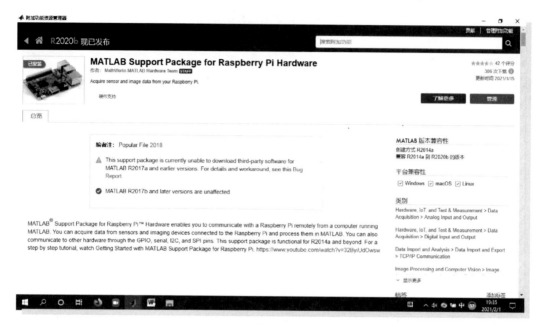

● 图 17-6　附加功能管理器界面

4）进入下面的界面，单击树莓派镜像文件右侧的"设置"按钮，如图 17-7 所示。

● 图 17-7　单击树莓派镜像文件右侧的"设置"按钮示意图

5）在树莓派开发板选择界面，选择使用的树莓派板卡的类型，选择完成后单击 Next 按钮，如图 17-8 所示。

● 图 17-8　选择树莓派类型示意图

6）选择树莓派中的 Linux 操作系统，此处一定要选择"Setup hardware with MathWorks Raspbian image"，选择完成后单击 Next 按钮，如图 17-9 所示。

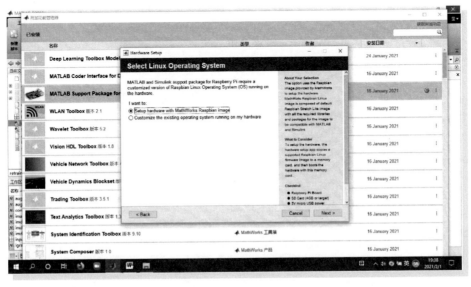

● 图 17-9　选择树莓派中的 Linux 操作系统示意图

7）下载 MathWorks Raspbian image 镜像文件，单击 Download 按钮直接下载。下载完成后单击 Next 按钮，如图 17-10 所示。

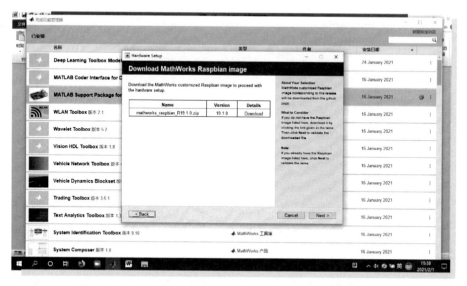

• 图 17-10　下载 MathWorks Raspbian image 镜像文件示意图

注：镜像下载地址 https://github.com/mathworks/Raspbian_OS_Setup/releases

8）单击 Browse 按钮，选择下载好的镜像文件。然后单击 Validate 按钮，下面显示绿色对勾，则镜像文件正常，可以继续下一步操作，如图 17-11 所示。

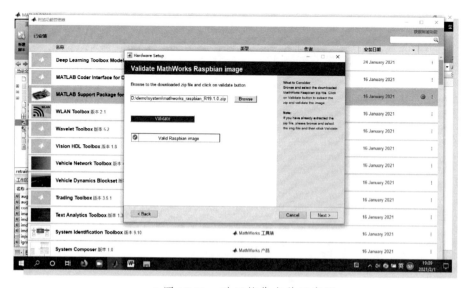

• 图 17-11　验证镜像文件示意图

9）选择树莓派和笔记本式计算机或台式计算机的连接方式，尽量选择有线连接 Connect directly to host computer，需要准备一根网线和网转 USB 口的转接器。也可以选择无线连接，通过网络配置，将 PC 与树莓派配置到一个局域网中，如图 17-12 所示。

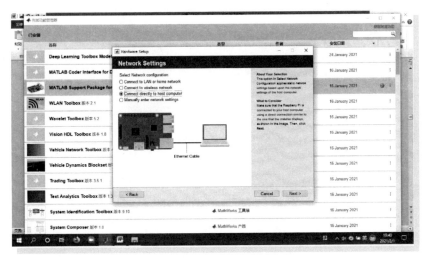

● 图 17-12 配置树莓派与笔记本式计算机或台式计算机的示意图

10）插入内存卡，开始烧录 MATLAB 定制镜像。

建议采用 16GB 或者 32GB 内存卡，如果内存卡已有文件存储，请下载 SDFormatter 软件，将 SD 彻底格式化变成一张空卡。内存卡插入读卡器，MATLAB 软件自动识别盘符号，单击右侧 Refresh 按钮后再单击 Next 按钮，如图 17-13 所示。

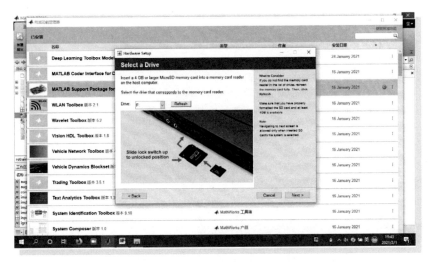

● 图 17-13 插入读卡器示意图

11）单击 Write 按钮，MATLAB 开始向内存卡烧录镜像的系统文件，直到进度条全绿，单击 Next 按钮，如图 17-14 所示。

● 图 17-14　向内存卡烧录镜像文件示意图

12）从读卡器中取出内存卡放入树莓派的插槽中，连接网线和电源线（**注意，要保证这个顺序，否则有出错可能**），树莓派上电，单击 Next 按钮，如图 17-15 所示。

● 图 17-15　内存卡放入树莓派的插槽中并上电示意图

13）等待时间不超过 200 秒，显示 Confirm Hardware Configuration 对话框，单击 Tset Connection 按钮，下方显示绿色对勾，表明树莓派与 MATLAB 连接成功，单击 Next 按钮，如图 17-16 所示。

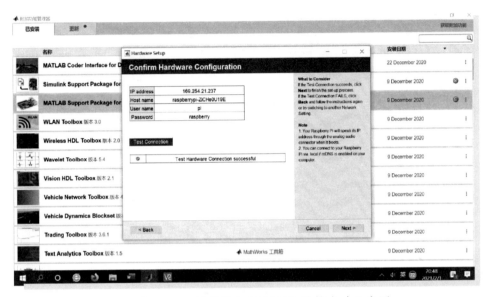

● 图 17-16　树莓派与 MATLAB 连接成功示意图

14）单击 Finish 按钮完成操作，如图 17-17 所示。

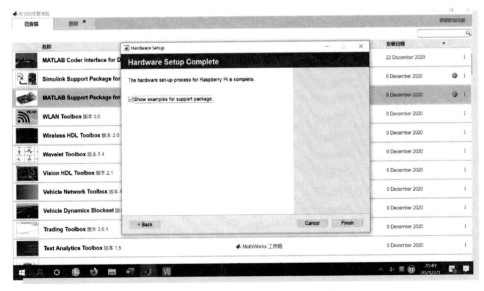

● 图 17-17　硬件设置完成示意图

步骤 5：在 MATLAB 中显示树莓派的信息。

在 MATLAB 命令窗口输入 "r = raspi"，此时界面显示的就是树莓派主板的相关信息了，如图 17-18 所示。

● 图 17-18　在 MATLAB 中显示树莓派的相关信息示意图

步骤 6：安装 MATLAB Coder Interface for DEEP Learning Libraries。

单击"附件功能" → "获取硬件支持包"，选择 MATLAB Coder Interface for DEEP Learning Libraries 库文件，单击"安装"按钮，如图 17-19 所示。

● 图 17-19　安装 MATLAB Coder Interface for DEEP Learning Libraries 示意图

步骤 7：安装 vncserver 远程控制软件。

1）在树莓派终端输入命令"sudo raspi-config"进入配置界面，如图 17-20 所示。

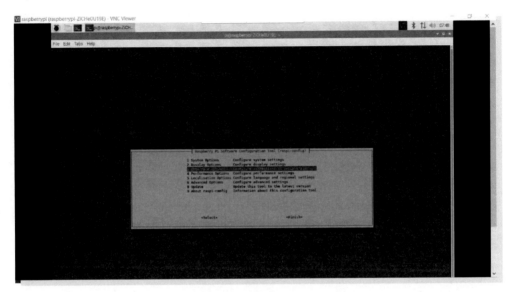

● 图 17-20　配置界面示意图

2）在树莓派平台依次执行操作：Interfacing Options→VNC→Yes。之后系统会提示是否要安装 VNC 服务，输入"y"之后按〈Enter〉键，等待系统自动下载安装完成，VNC 服务就启动了。

3）在笔记本式计算机或台式机端去 RealVNC 官网下载 RealVNC Viewer。

注意，下载地址为 https：//www. realvnc. com/en/connect/download/viewer/。

4）运行 RealVNC Viewer 之后输入树莓派的 IP（通过 ifconfig 命令可以查看）。选择连接之后输入树莓派的登录用户名密码，初始用户名 pi，密码为 raspberry。确认之后即可进入树莓派的远程桌面，此时可在 PC 端输入控制命令远程操控树莓派了。

步骤 8：树莓派上安装 ARM Compute Library。

● **注意**

如果安装的 MATLAB Coder R2018b release，则安装 ARM Compute version 18. 03；如果安装 MATLAB Coder R2019a release，则安装 ARM Compute version 18. 03 或 ARM Compute version18. 05。

在 PC 机上单击 VNC 的客户端，进入命令输入界面，完成下面的步骤。

1）输入指令"sudo apt-get install git"实现安装 git。

2）克隆 ARM Compute Library 到树莓派上，具体实现指令如下。

```
git clone https://github.com/Arm-software/ComputeLibrary.git
```

3）安装匹配的库文件到树莓派上，具体实现指令如下。

```
cd ComputeLibrary
    git tag - l
    git checkout v18.03
```

4）输入指令"sudo apt-get install scons"实现安装 scons。

5）编译库文件，具体实现指令如下。

```
cd ComputeLibrary
    scons Werror=0 -j2 debug=0 neon=1 opencl=0 os=linux arch=armv7a openmp=1 examples=0 asserts=0 build=native
```

6）编译完成后，将 build 文件夹更名为 lib。

步骤9：创建 Windows 系统环境变量。

路径/usr/local/ComputeLibrary 为库文件在树莓派中地实际安装路径，如图 17-21 所示。

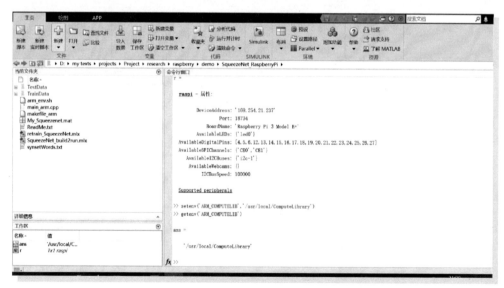

● 图 17-21　在 MATLAB 中显示库文件的实际安装路径

步骤10：在树莓派上安装 opencv。

注意，此处官方推荐安装 opencv3.1 版本。

1）换源更新。输入如下指令。

```
sudo nano /etc/apt/sources.list
```

在打开的文件中用 # 注释掉原来的镜像源，这里采用的是清华大学的镜像源，文件末尾插入两行代码，具体如下。

```
deb http://mirrors.tuna.tsinghua.edu.cn/raspbian/raspbian/ buster main non-free contrib
deb-src http://mirrors.tuna.tsinghua.edu.cn/raspbian/raspbian/ buster main non-freecontrib
```

先按〈Ctrl + O〉快捷键，再按〈Enter〉键保存，之后再按〈Ctrl + X〉快捷键，退出 nano编辑器回到命令行界面。

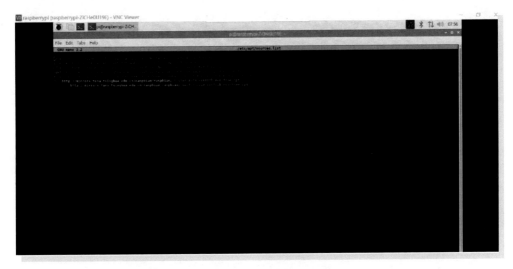

• 图 17-22   换源更新效果图

2）更新软件，在 Terminal 下输入"sudo apt-get update"命令，如图 17-23 所示。

```
pi@raspberrypi:~ $ sudo apt-get update
获取:1 http://mirrors.tuna.tsinghua.edu.cn/raspbian/raspbian buster InRelease [15.0 kB]
获取:2 http://mirrors.tuna.tsinghua.edu.cn/raspberrypi buster InRelease [32.6 kB]
获取:3 http://mirrors.tuna.tsinghua.edu.cn/raspbian/raspbian buster/main Sources [11.3 MB]
获取:4 http://mirrors.tuna.tsinghua.edu.cn/raspbian/raspbian buster/non-free Sources [139 kB
获取:5 http://mirrors.tuna.tsinghua.edu.cn/raspbian/raspbian buster/contrib Sources [78.5 kB
获取:6 http://mirrors.tuna.tsinghua.edu.cn/raspbian/raspbian buster/main armhf Packages [13.
0 MB]
获取:7 http://mirrors.tuna.tsinghua.edu.cn/raspbian/raspbian buster/non-free armhf Packages
[104 kB]
获取:8 http://mirrors.tuna.tsinghua.edu.cn/raspbian/raspbian buster/contrib armhf Packages [
58.7 kB]
获取:9 http://mirrors.tuna.tsinghua.edu.cn/raspberrypi buster/main armhf Packages [348 kB]
已下载 25.1 MB，耗时 18秒 (1,435 kB/s)
正在读取软件包列表... 完成
```

• 图 17-23   更新软件效果图

3）安装 vim。首先，输入命令"sudo apt-get install vim"，然后在 Terminal 下输入"vim /etc/vim/vimrc"命令。为方便使用，在打开的文件末尾输入三行命令。

```
set nu                          #显示行号
syntax on                       #语法高亮
set tabstop = 4                 #tab 空四格
```

4）扩充树莓派空间。执行命令 sudo raspi-config，结果如图 17-24 所示。

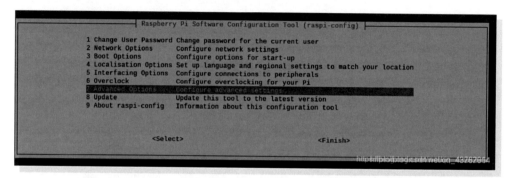

• 图 17-24　执行 sudo raspi-config 的效果图

在如图 17-24 所示的界面，打开配置选项，选择 7 Advanced Options→A1 Expand Filesysem→确定→finish 选项。

在 Terminal 下输入 "sudo reboot" 命令，便完成了树莓派空间的扩充。

5）增加交换空间。在 Terminal 下输入 "sudo nano /etc/dphys-swapfile" 命令，如图 17-25 所示。

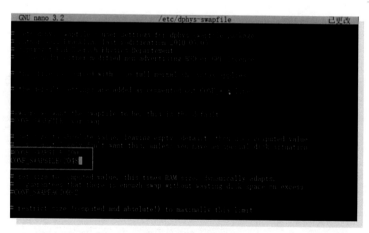

• 图 17-25　输入 sudo nano /etc/dphys-swapfile 命令的效果图

如图 17-25 所示，将 CONF_SWAPSIZE 值从默认值 100 更改为 2048，然后按〈Ctrl + O〉快捷键保存，按〈Enter〉键确认保存，然后按〈Ctrl + X〉快捷键退出。

在 Terminal 下输入 "sudo /etc/init. d/dphys-swapfile restart" 命令，完成交换空间的增加。

案例 17
快速部署： 如何将训练好的深度神经网络部署到树莓派上

6）Opencv 相关库的下载。在 Terminal 下输入如下命令，可实现 Opencv 相关库的下载。

```
sudo pip3 install numpy
sudo apt-get install build-essential git cmake pkg-config -y
sudo apt-get install libjpeg8-dev -y
sudo apt-get install libtiff5-dev -y
sudo apt-get install libjasper-dev -ysudo apt-get install libpng12-dev -y
sudo apt-get install libavcodec-dev libavformat-dev libswscale-dev libv4l-dev -y
sudo apt-get install libgtk2.0-dev -y
sudo apt-get install libatlas-base-dev gfortran -y
```

7）下载 Opencv 安装包。具体代码如下。

```
cd /home/pi/Downloads
//下载 OpenCV
wget -O opencv-3.4.3.zip https://github.com/Itseez/opencv/archive/3.4.3.zip
//下载 OpenCV_contrib 库:
wget -O pencv_contrib-3.4.3.zip https://github.com/Itseez/opencv_contrib/archive/3.
4.3.zip
//解压 OpenCV
unzip opencv-3.4.3.zip
//解压 OpenCV_contrib 库:
unzip opencv_contrib-3.4.3.zip
    //进入安装目录
cd /home/pi/Downloads/opencv-3.1.0
//新建 build 文件夹
mkdir build
//进入 build 文件夹
    cd build
```

8）设置编译参数。具体代码如下。

```
cmake -D CMAKE_BUILD_TYPE = RELEASE \
     -D CMAKE_INSTALL_PREFIX = /usr/local \
     -D INSTALL_C_EXAMPLES = OFF \
     -D INSTALL_PYTHON_EXAMPLES = OFF \
     -D OPENCV_GENERATE_PKGCONFIG = ON \
     -D ENABLE_NEON = ON \
     -D ENABLE_VFPV3 = ON \
     -D BUILD_TESTS = OFF \
     -D OPENCV_ENABLE_NONFREE = ON \
-D OPENCV_EXTRA_MODULES_PATH = /home/pi/Downloads/opencv_contrib-3.1.0/modules \
-D BUILD_EXAMPLES = OFF ..
```

9）编译。输入命令 "make -j4" 进行编译。直到显示 100% 编译成功为止，如图 17-26

所示。

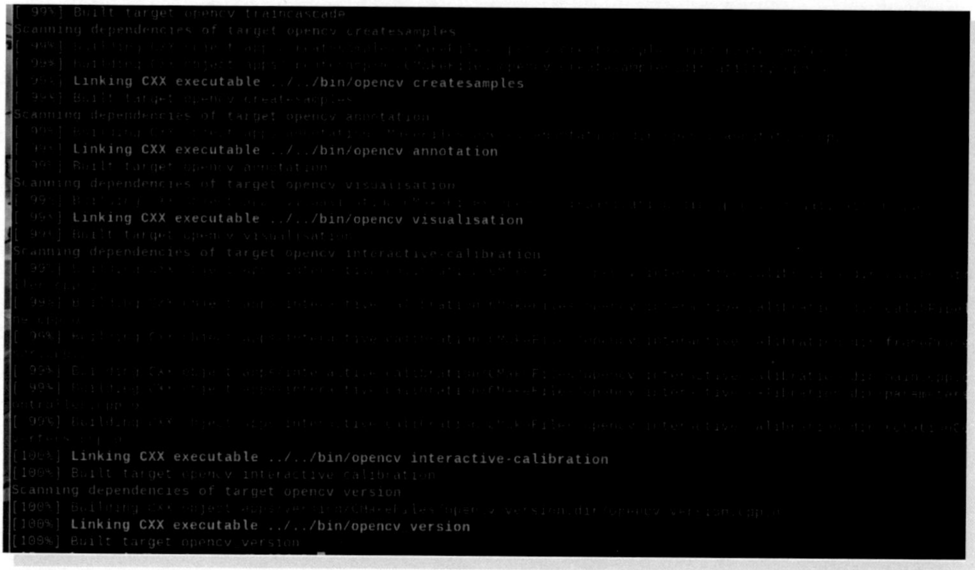

• 图 17-26　编译过程的效果图

10）安装软件。在 Terminal 下输入 "sudo make install" 命令，进行软件安装。

11）查看 opencv 版本号。在 Terminal 下输入如下命令。

```
python3
> > > import cv2
> > > cv2.__version__
```

如果终端能够显示'3.1.0'，则表示安装成功。

12）将交换空间更改回原始大小。通过 sudo /etc/init.d/dphys-swapfile restart 命令将交换空间改回原始大小。

步骤 11：从训练好的模型生成 C++ 代码。

1）该步骤完全在 MATLAB 中完成，如图 17-27 所示，将用到 MATLAB Coder 产生 C++ 代码

2）在 SqueezeNet_ build2run. m 脚本中，导入 Squeezenet，并生成 C++ 代码的命令如下。

```
load('Squeezenet.mat');
cnncodegen(net,'targetlib','arm-compute','targetparams',struct('ArmComputeVersion',
'18.03','ArmArchiteture','atmv7'));
```

基于 MATLAB 生成 C++ 代码时，会在当前文件目录下产生 codegen 子目录，内含对应的 C++ 文件及数据文件（用于存储深度学习网络的参数）。其中，ArmComputeVersion 的版本号由安装的 MATLAB 的版本号决定，ArmArchiteture 主要由用户使用的开发板类型决定。

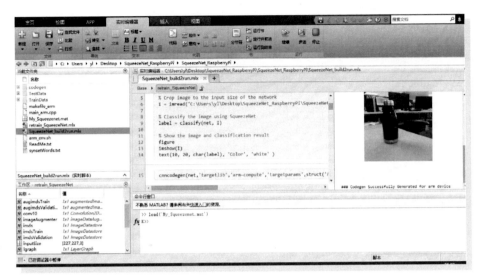

● 图 17-27　在 MATLAB 中生成 C++代码

步骤 12：编写 main_ arm. cpp 文件。

这个文件主要是包含头文件的引用，图像的输入输出功能需要在 MATLAB 上编写，如图
17-28 所示。

● 图 17-28　在 MATLAB 中编写 main_ arm. cpp 文件的过程示意图

步骤 13：编译 codegen 中的文件为静态库，并集成到主程序中，最后在 Raspberry Pi 3 B +
上编译运行。

1）将 Raspberry 系统跑起来后，在上面已安装好以下两个库 OpenCV 和 ARM Conpute Li-
brary，在树莓派上设置环境变量，具体代码如下。

```
arm_evn.sh
export PATH = $ PATH:/usr/lib/:/usr/include/opencv
export ARM_COMPUTELIB = /usr/local/ComputeLibrary
export TARGET_OPENCV_DIR = /use/local
```

这两个库安装好以后，就可以顺利编译程序了。

2）在 Terminal 下输入 "vim ~/.bashrc" 命令，在打开的 .bashrc 中找到下面的代码段：

```
case $- in
*i*) ;;
*)
...
return;;
esac
```

在代码段中加入需要设置的环境变量。

3）手工修改自动产生的 codegen/cnnbuild_ rtw.mk，使其对 ARM COMPUTE 库的头文件和库文件的引用指向正确的目录

① 实际只需要修改两行，修改后的命令如下。

```
TOOLCHAIN_LIBS = $ (ARM_COMPUTELIB)/lib/linux-armv7a-neon/libarm_compute.so $ (ARM_COM-
PUTELIB)/lib/linux-armv7a-neon/libarm_compute_core.so
```

② 每次重新生成 codegen 子目录都需要重新修改该文件。

4）将以下文件复制到 Raspberry 中的 ~/Workshop_ Demo/SqueezeNet_ RaspberryPi 子目录。

```
- codegen
    - TestData
    - main_arm.cpp
    - makefile_arm
    - synsetWords.txt
```

注：作者文件传输使用的是 sftp （软件名：FileZilla）。

5）编译 cnnbuild.a。在 Terminal 下输入如下命令，实现对 cnnbuild.a 编译。

```
cd ~/Workshop_Demo/SqueezeNet_RaspberryPi
make -C /home/pi/Workshop_Demo/SqueezeNet_RaspberryPi/codegen -f cnnbuild_rtw.mk
```

6）编译主程序 main_ arm，产生可执行文件 object_ recognition。在 Terminal 下输入如下命令，进行对主程序的编译。

```
make -C /home/pi/Workshop_Demo/SqueezeNet_RaspberryPi arm_neon -f makefile_arm
```

7）在 Raspberry 上运行目标程序，检查结果。在 Terminal 下输入如下命令运行目标程序，并检查结果。

```
./object_recognition ./TestData/MWBottle/9.png
```

参 考 文 献

［1］ GOODFELLOW I, SHLENS J, SZEGEDY C. Explaining and Harnessing Adversarial Examples ［J］. Machine Learning, 2014.

［2］ 金晟箭. 深度学习：基于 MATLAB 的设计实例 ［M］. 邹伟，王振波，王燕妮，译. 北京：北京航空航天大学出版社，2019.

［3］ 谭营. 人工智能之路 ［M］. 北京：清华大学出版社，2019.

［4］ 叶韵. 深度学习与计算机视觉 ［M］. 北京：机械工业出版社，2018.

［5］ 汤晓鸥，陈玉琨. 人工智能基础 ［M］. 上海：华东师范大学出版社，2018.

［6］ 林大贵. TensorFlow + Keras 深度学习人工智能实践应用 ［M］. 北京：清华大学出版社，2019.

［7］ 赵小川，何灏. 深度学习理论及实战 ［M］. 北京：清华大学出版社，2021.